过程控制系统

马东玲 解大琴 编著

苏州大学出版社

图书在版编目(CIP)数据

过程控制系统 / 马东玲,解大琴编著. —苏州:
苏州大学出版社,2021.2
 ISBN 978-7-5672-3345-4

Ⅰ.①过… Ⅱ.①马… ②解… Ⅲ.①过程控制-自
动控制系统 Ⅳ.①TP273

中国版本图书馆 CIP 数据核字(2021)第 021486 号

过程控制系统
马东玲 解大琴 编著
责任编辑 征 慧

苏州大学出版社出版发行
(地址:苏州市十梓街 1 号 邮编:215006)
常州市武进第三印刷有限公司印装
(地址:常州市湟里镇村前街 邮编:213154)

开本 787 mm×1 092 mm 1/16 印张 10.75 字数 241 千
2021 年 2 月第 1 版 2021 年 2 月第 1 次印刷
ISBN 978-7-5672-3345-4 定价:35.00 元

苏州大学版图书若有印装错误,本社负责调换
苏州大学出版社营销部 电话:0512-67481020
苏州大学出版社网址 http://www.sudapress.com
苏州大学出版社邮箱 sdcbs@suda.edu.cn

Preface 前言

本书基于高职高专学生的培养目标和要求，本着理论知识"必需、够用"的原则，对高等教育体系中的过程控制原理已有教材的内容和体系做了较大的删减和调整，依据过程控制技术的发展情况，为适应高等职业技术教育教学的需要，重视常规的过程控制中所需的基础知识。本书以当前在工业生产过程中广泛应用或应用较为成熟的常规控制系统和控制方式为主，进行了详细的阐述；而对于计算机过程控制系统和先进控制方式，仅做了简要介绍。

本书共分为八章，第1章为过程控制系统的基本概念、组成、运行要求和性能指标；第2章为工业控制过程的建模方式及其动态特性；第3章为简单控制系统的组成、设计，包括执行器、测量变送环节和控制器的选择，系统的投运和整定方法，以及系统的故障和处理方法；第4章为复杂控制系统，分节阐述了串级控制系统、前馈控制系统和比值控制系统这三种控制系统的原理、设计和整定；第5章为其他控制系统，分别简述了均匀控制系统、选择性控制系统和分程控制系统的基本概念、系统实施和参数整定；第6章为解耦控制系统的基本概念、减少及消除耦合的方法、系统设计和工程实现；第7章为计算机过程控制系统的结构特点、组成和较为常用的先进控制方式的简单介绍；第8章为常见工业生产中的过程控制系统实际应用的设计及控制方案。

本书由上海工程技术大学高等职业技术学院、上海市高级技工学校马东玲、解大琴编著。具体编写分工如下：第1章～第3章由解大琴编写；第4章～第8章由马东玲编写，全书由马东玲负责统稿。

本书适用32～56学时教学，章节编排具有相对独立性，可满足不同层次、不同专业的培养对象选用。由于编者水平有限，书中难免有不足之处，恳请读者批评指正。

编著者

Contents 目录

第1章　过程控制系统概述 ………………………………………………… 1
  1.1　过程控制系统的基本概念 ………………………………………… 1
  1.2　系统运行的基本要求 ……………………………………………… 4
  1.3　控制系统的过渡过程及控制指标 ………………………………… 6
  1.4　习题 ………………………………………………………………… 9

第2章　过程动态特性与建模 …………………………………………… 10
  2.1　数学模型的定义 …………………………………………………… 10
  2.2　被控过程的数学模型 ……………………………………………… 11
  2.3　机理法建模 ………………………………………………………… 14
  2.4　测试法建模 ………………………………………………………… 20
  2.5　习题 ………………………………………………………………… 25

第3章　简单控制系统 …………………………………………………… 27
  3.1　系统组成原理及设计 ……………………………………………… 27
  3.2　简单控制系统设计 ………………………………………………… 29
  3.3　执行器的选择 ……………………………………………………… 34
  3.4　测量变送环节的选择 ……………………………………………… 42
  3.5　控制器的选择 ……………………………………………………… 44
  3.6　简单控制系统的投运和整定 ……………………………………… 47
  3.7　简单控制系统的故障与处理 ……………………………………… 51
  3.8　习题 ………………………………………………………………… 53

第4章　复杂控制系统 …………………………………………………… 55
  4.1　串级控制系统 ……………………………………………………… 55
  4.2　前馈控制系统 ……………………………………………………… 69

4.3　比值控制系统 ··· 79
　　4.4　习题 ··· 84
第5章　其他控制系统 ·· 86
　　5.1　均匀控制系统 ··· 86
　　5.2　选择性控制系统 ··· 92
　　5.3　分程控制系统 ··· 97
　　5.4　习题 ·· 103
第6章　解耦控制系统 ··· 105
　　6.1　解耦控制的基本概念 ·· 105
　　6.2　减少及消除耦合的方法 ·· 111
　　6.3　解耦控制系统设计 ·· 114
　　6.4　解耦系统的简化及其工程实现 ·· 115
　　6.5　习题 ·· 116
第7章　计算机过程控制系统 ··· 117
　　7.1　计算机过程控制系统结构 ·· 117
　　7.2　计算机过程控制系统的类型 ·· 120
　　7.3　数据采集及数据转换 ·· 122
　　7.4　先进过程控制方法 ·· 125
　　7.5　习题 ·· 129
第8章　过程控制系统设计及控制方案 ·· 130
　　8.1　过程控制系统的工程设计 ·· 130
　　8.2　精馏塔的自动控制 ·· 133
　　8.3　干燥过程的控制系统设计 ·· 141
　　8.4　锅炉设备的控制 ·· 143
　　8.5　习题 ·· 156
附　录 ·· 157
参考文献 ·· 164

第1章 过程控制系统概述

1.1 过程控制系统的基本概念

1.1.1 人工控制与自动控制

自动控制是在人工控制的基础上发展起来的。下面先通过一个实例,将人工控制与自动控制进行对比分析,从而进一步认识控制系统的工作原理及组成。

如图 1.1(a)所示是工业生产中常见的生产蒸汽的锅炉设备简图。在生产过程中对于锅炉汽包内的水位高度要求是很高的,水位过低会影响产汽量,且锅炉烧干会发生事故;若水位过高,将使蒸汽中附带水滴。这两种情况都具有危险性,因此对汽包液位严加控制是保证锅炉正常运行的重要条件。

如图 1.1(b)所示为人工控制汽包液位高度示意图,若影响液位的因素(如给水流量、蒸汽量等)发生变化时,又不进行人为控制(即不去改变阀门开度),则液位将偏离规定高度。因此,为保持汽包液位恒定,操作人员应根据液位高度的变化情况控制进水量。人工控制的过程是基于操作人员的人为判断和操作:首先,操作人员的眼睛观察到液位计中的水位高度值,并通过神经系统传送到大脑;其次,大脑根据眼睛看到的水位值,与已知设定值进行比较,得出偏差大小和调节方向,然后根据操作经验发出控制命令;最后,根据大脑发出的命令,用双手去改变给水阀门的开度,使给水量与蒸汽量相等,最终使水位保持在设定值的高度上。

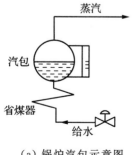
(a)锅炉汽包示意图

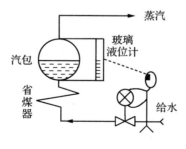
(b)人工控制示意图

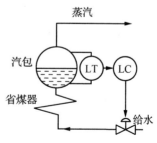
(c)自动控制示意图

图 1.1 锅炉汽包水位控制示意图

在人工控制过程中,操作人员的眼、脑、手三个器官,分别起到检测、判断和运算、执行的作用,从而完成测量、求偏差、再施加控制操作以纠正偏差的工作过程,保持汽包水位的恒定。

人工控制的精度和反应速度难以满足现代工业发展的需要,采用检测仪表和自动控制装置来代替人工控制,即为自动控制系统。如图 1.1(c)所示为锅炉汽包液位自动控制系统示意图。下面以此为例来说明自动控制系统的工作原理。

被控变量(液位)发生变化时,液位变送器 LT 将汽包液位的变化量传送给液位控制器 LC,控制器将测量信号与设定值相比较得出偏差,按某种运算规律进行运算并输出控制信号;控制阀根据控制器的控制信号,改变阀门的开度调整给水量,使被控变量回到设定值,最终达到稳定汽包水位的目的。这样就完成了所要求的控制任务。这些自动控制装置和被控工艺设备组成了一个没有人直接参与的自动控制系统。

1.1.2 过程控制的定义

自动化技术的发展与工业生产领域密不可分,生产过程自动化技术就是在生产过程中,用自动控制装置或系统来部分或全部代替操作人员的劳动,对工业生产过程中工艺参数、技术指标、产品要求等进行自动调节与控制,使之达到预定的技术指标,使整个生产过程在不同程度上自动进行。过程控制是自动控制学科的一个重要分支。

1. 过程控制

表征生产过程的参量为被控量,使之接近给定值或保持在给定范围内的自动控制,或者说凡是采用模拟或数字控制方式对生产过程的某一或某些物理参数进行的自动控制统称为过程控制。

2. 过程控制系统

为了实现过程控制,以控制理论和生产要求为依据,采用模拟仪表、数字仪表或微型计算机等构成的控制总体,称为过程控制系统。

1.1.3 过程控制系统的组成

在研究自动控制系统时,为了更清楚地说明控制系统各个环节的组成、特性和相互间的信号联系,一般都采用方框图来表示自动控制系统的原理。方框图中每一条线代表系统中的一个信号,线上的箭头表示信号传递的方向;每个方块代表系统中的一个环节,它表示了输入对输出的影响。方框图也是过程控制系统中的一个重要概念和常用工具之一。

如图 1.2 所示为控制系统通用方框图,对该方框图说明如下。

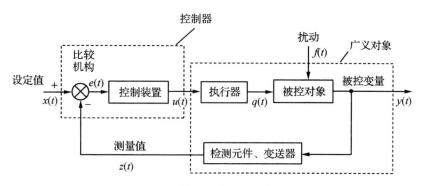

图 1.2 控制系统通用方框图

图 1.2 中 $x(t)$ 为设定值；$z(t)$ 为测量值；$e(t)$ 为偏差；$u(t)$ 为控制作用（控制器输出）；$y(t)$ 为被控变量；$q(t)$ 为操纵变量；$f(t)$ 为扰动量。

由图 1.2 可知，一般过程控制系统包括被控对象、测量变送单元、控制器和执行器。

1. 被控对象

被控对象也称被控过程（简称过程），是指被控制的工艺设备、生产装置或生产过程。在图 1.1 中，被控对象就是锅炉汽包。

2. 测量变送单元

测量变送单元一般由检测元件和变送器组成。其作用是测量被控变量，并按一定规律将其转换为标准信号输出，作为测量值，即把被控变量 $y(t)$ 转化为测量值 $z(t)$。例如，用热电阻或热电偶测量温度，并用温度变送器转换为统一的气压信号（20～100 kPa）或直流电流信号（0～10 mA 或 4～20 mA）。在图 1.1 中，测量变送单元是液位测量变送器。

3. 控制器

控制器也称调节器。它将被控变量的测量值与设定值进行比较得出偏差信号 $e(t)$，并按某种预定的控制规律进行运算，给出控制信号 $u(t)$。在图 1.1 中，控制器为液位控制器。

4. 执行器

在过程控制系统中，常用的执行器是控制阀，其中以气动薄膜控制阀最为多用。执行器接受控制器送来的控制信号 $u(t)$，直接改变操纵变量 $q(t)$。在图 1.1 中，执行器是控制阀。

通常将系统中控制器以外的部分组合在一起，即将被控对象、执行器和检测变送环节合并为广义对象，如图 1.2 所示。因此，也可以将控制系统看成是由控制器和广义对象两部分组成的。

根据过程控制系统对于各单元的定义，图 1.1 中的锅炉汽包水位控制系统原理方框图如图 1.3 所示。

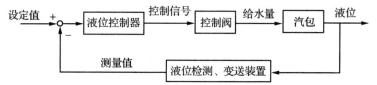

图 1.3 锅炉汽包水位控制系统原理方框图

1.1.4 过程控制系统的分类

过程控制系统的分类方法有多种,可以按照被控参数、控制系统的结构、给定值信号特点等多种方式分类,每一种分类方法都反映了控制系统某一方面的特点。这里为了便于分析反馈控制系统的特性,按设定值的变化情况,将过程控制系统分为三类,即定值控制系统、随动控制系统和程序控制系统。

1. 定值控制系统

设定值恒定不变的反馈控制系统称为定值控制系统。工业生产中大多数都是定值控制系统,要求被控量的设定值固定不变,扰动信号是引起被控变量偏离设定值的主要因素,因此保持设定值恒定就是要克服扰动对被控变量的影响。所以也把仅以扰动量作为输入的系统叫作定值控制系统。图1.1所示的锅炉汽包水位控制系统即为定值控制系统。

2. 随动控制系统

随动控制系统也称跟踪控制系统。这类控制系统的特点是设定值不断在做无确定性规律的变化,是未知的时间函数,要求系统的输出(被控变量)随之变化,被控变量能够及时而准确地跟踪设定值的变化。例如,雷达跟踪系统就是典型的随动控制系统。

3. 程序控制系统

程序控制系统的设定值是按照某种预定规律变化的,是已知的时间函数。主要用于实现按规定程序作业的工艺设备的自动控制,如间歇式反应器的啤酒发酵罐温度控制、冶金工业中退火炉的温度控制、程序控制机床等。

上述各种反馈控制系统中,各环节间信号的传送都是连续的时间函数,故称为连续控制系统或模拟控制系统,通称为常规过程控制系统。若系统中有一个以上环节的传递信号是断续的,则称这类系统为离散控制系统。在石油、化工、冶金、电力、陶瓷、轻工、制药等工业生产中,定值控制系统占大多数,是主要的控制系统,其次是程序控制系统与随动控制系统。

1.2 系统运行的基本要求

1.2.1 系统的动态与静态

在控制系统中有两种状态:一种是被控变量不随时间而变化的平衡状态,称为系统的静态(或稳态);另一种是被控变量随时间而变化的不平衡状态,称为系统的动态。

当系统处于平衡状态即静态时,没有扰动且设定值恒定不变,系统控制器的输入输出也没有变化,这时被控变量就不会变化。例如,前述锅炉汽包水位控制系统中,当输入给水量与输出蒸汽量相等时,水位保持不变,此时称系统达到了平衡状态,亦即处于静态。在保持平衡时控制系统各个环节的输出与输入关系称为环节的静态特性。

当有扰动或设定值发生变化时,自动控制装置就会相应动作,进行控制以克服扰动的影响,使被控变量回到设定值,系统重新恢复平衡。例如,前述锅炉汽包液位控制系统中,当给水量或蒸汽量发生变化时,液位将上下波动,此时系统处于不平衡状态,亦即处于动态。在不平衡时控制系统各个环节的输出与输入关系称为环节的动态特性。

在控制系统中,研究动态特性比研究静态特性更为重要,可以说静态特性只是动态特性的一种极限情况。在定值控制系统中,扰动不断产生,控制器产生控制作用不断消除其影响,控制系统总是处于不断调节的动态过程中。同样,在随动控制系统和程序控制系统中,设定值不断变化及扰动的产生,控制器一直在调整输出参数,系统也总是处于不断调节的动态过程中。因此,控制系统的分析重点要放在系统和环节的动态特性上,这样才能形成良好的控制作用,实现工业生产的控制目标。

1.2.2 过程控制的要求

过程控制就是在充分了解了工业生产的工艺流程和控制系统的动、静态特性的基础上,应用理论对系统进行分析和设计,选用合适的控制方案,实现良好的控制性能。由于系统在控制过程中存在着动态过程,所以控制系统性能的好坏,不仅取决于系统稳态时的控制精度,还取决于动态时的工作状况。因此,对控制系统的基本技术性能的要求,虽然不同的控制系统具体要求不一样,但共同的基本要求是一样的,一般可以将其归纳为稳定性、快速性和准确性,即"稳、快、准"的要求。

1. 稳定性

稳定性是指系统受到外来作用后,其动态过程的振荡倾向和系统恢复平衡的能力。如果系统受到外来作用后,经过一段时间,其被控变量可以达到某一稳定状态,则称系统是稳定的;否则,称系统是不稳定的。

稳定工作是所有控制系统的最基本要求,是系统能否实现控制目标的前提。不稳定的系统根本无法完成控制任务。考虑到实际系统工作环境或参数的变动,可能导致系统不稳定,因此,除要求系统稳定外,还要求其具有一定的稳定裕量。对于稳定的控制系统而言,当被控变量因扰动作用或设定值改变而发生变化后,经过一个动态过程,被控变量应恢复到系统要求的设定值状态。反之,不稳定的控制系统,其被控变量产生的初始偏差将随时间的增长而发散,因此,不稳定的控制系统无法实现预定的控制任务。

2. 快速性

在工业生产中实际应用的控制系统,稳定性是首要的、必要的,但仅仅满足稳定性要求是不够的,实际系统还要满足一定的快速性。

快速性是通过动态过程持续时间的长短来表征的,动态过程是指控制系统的被控量在输入信号作用下随时间变化的全过程。快速性反映的是系统输出达到终值的时间,这个过渡过程的时间越短,表明快速性越好。快速性反映系统的动态特性,因此,提高响应速度、缩短过渡过程的时间,对提高系统的控制效率和控制过程的精度都是有利的。

3. 准确性

过渡过程结束后，被控变量达到的稳态值（即平衡状态）与设定值的差值表征的就是该系统的准确性。由于系统结构、参数设置和外来扰动作用等非线性因素的影响，被控变量的稳态值与设定值之间通常都会有个差值，称为稳态误差（余差）。稳态误差是衡量控制系统静态控制精度的重要标志，在技术指标中一般都有具体要求。

上述是对稳定性、快速性和准确性的基本要求，在控制指标中将给出具体要求。对于同一个控制系统，这三者往往是互相制约的。在设计与调试过程中，若过分强调系统的稳定性，则可能会造成系统响应迟缓和控制精度较低的后果；反之，若过分强调系统响应的快速性，则又会使系统的振荡加剧，甚至引起不稳定。所以，在实际系统设计中，要综合考虑三方面性能，根据不同的系统，有所侧重，折中考虑。

1.3 控制系统的过渡过程及控制指标

1.3.1 控制系统的过渡过程

系统在控制过程中存在的动态过程是指，原来处于稳定状态下的控制系统，当扰动产生或是设定值发生变化（即输入量变化）后，被控变量（即输出）将随时间不断变化的过程，亦称为系统的过渡过程。控制系统的过渡过程体现了系统对于扰动的克服过程，研究过程控制系统的过渡过程，对分析、设计和改进控制系统具有很重要的意义，因为它直接反映控制系统质量的优劣，与生产过程中的安全及产品的产量、质量有着密切的联系。

实际应用中，根据过程控制的特点，通常采用系统的阶跃响应性能指标，这是因为阶跃信号形式简单，容易实现，便于分析计算，实际中也经常遇到，并且这类输入变化对控制系统的影响最大。过程控制系统主要是定值控制系统，下面主要研究在阶跃扰动作用下，定值控制系统的过渡过程的几种基本形式。

当系统受到阶跃干扰作用时，系统的过渡过程如图1.4所示，主要有四种典型情况。如图1.4(a)所示，被控变量的变化幅度越来越大，远离设定值，表现为发散振荡过程，最终到被控变量输出值超出工艺所允许的范围产生事故为止，这是一个不稳定的系统。显然，这种过渡过程是绝对不允许出现的。如图1.4(b)所示，被控变量的变化为等幅振荡过程，既不衰减也不发散，处于稳定与不稳定的临界状态。严格意义上来说，这也是一种不稳定的系统。因此，除了简易的双位控制外，这种系统在生产上也不能采用。如图1.4(c)所示，被控变量的变化是一衰减振荡过程，经过几个周期的波动后就能重新稳定下来。被控变量表现出来的特性，符合对系统基本性能的要求（稳定、快速、准确），这正是控制系统所希望达到的目标。如图1.4(d)所示，被控变量的变化是一非振荡的单调衰减过程，被控变量偏离设定值以后，要经过相当长的时间才慢慢地趋近设定值。按照工艺要求，单调衰减过程是一个稳定的系统，但反应过程不够迅速，不够理想，只有当生产上不允许被控变量有较大幅度波动时才采用。

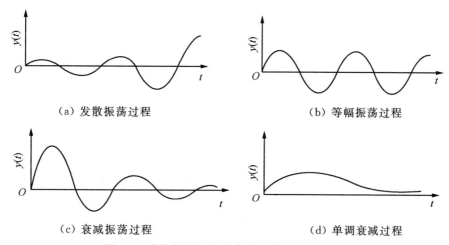

图1.4　定值控制系统过渡过程的四种典型形式

1.3.2　控制系统的性能指标

过程控制系统过渡过程的性能指标是衡量系统控制质量优劣的依据，又称为质量指标（或品质指标）。根据分析方法的不同，控制性能指标也有很多形式，通常主要采用两类性能指标：单项性能指标和综合控制指标。

一、单项性能指标

如图1.5所示为一个过程控制系统的典型阶跃响应曲线，符合对系统基本性能的要求，被控变量平稳、快速和准确地趋近或恢复到设定值。

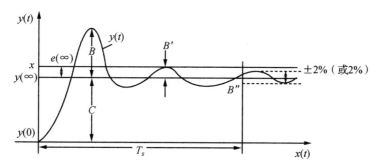

图1.5　控制系统的时域控制性能指标示意图

1. 衰减比和衰减率

衰减比是衡量振荡过程衰减程度的指标，等于阶跃响应曲线相邻的两个同方向波峰幅值之比。如图1.5所示，B为第一个波的振幅，B'为同方向第二个波的振幅，则衰减比可表示为

$$n = \frac{B}{B'} \tag{1.1}$$

衡量振荡过程衰减程度的另一个指标是衰减率Ψ，是指每经过一个周期后，波动幅度衰

减的百分比,则衰减率可表示为

$$\Psi = \frac{B - B'}{B'} \times 100\% \tag{1.2}$$

衰减比习惯上用 $n:1$ 表示,在实际生产过程中为保持足够的稳定裕度,衰减比一般取 $4:1 \sim 10:1$,相当于衰减率 $\Psi = 0.75 \sim 0.9$。这样,大约经过两个周期,系统就能趋近于新的稳态值,无振荡现象。

2. 最大动态偏差与超调量

最大动态偏差是指在阶跃响应中,被控变量偏离设定值的最大幅度,通常是过渡过程开始后输出超过最终稳态值的最大振幅(即第一个波峰的幅值),如图 1.5 中的 B。

超调量是指最大动态偏差占被控变量最终稳态输出值的百分数,通常定义为第一个波的峰值与最终稳态值之差的百分比。图 1.5 中,C 是输出的最终稳态值,B 是最大动态偏差,则超调量 σ 表示为

$$\sigma = \frac{B}{y(\infty)} \times 100\% = \frac{B}{C} \times 100\% \tag{1.3}$$

最大动态偏差在实际生产中能够直接反映被控变量的运行情况,最大动态偏差和超调量是衡量过渡过程动态精确度(即准确性)的一个动态指标,反映了控制系统的稳定程度。

3. 余差

余差 $e(\infty)$ 又称残余偏差或静差,是指过渡过程结束后被控变量的设定值与新稳态值之间的差值。图 1.5 中,C 是输出的最终稳态值,x 是系统设定值,则余差表示为

$$e(\infty) = \lim_{t \to \infty} e(t) = x - y(\infty) = x - C \tag{1.4}$$

余差是反映控制系统的稳态准确性指标,其大小应根据生产过程的工艺要求与被控变量允许的波动范围综合考虑决定,不能一味追求余差越小越好。

4. 调节时间和振荡频率

调节时间又称为过渡过程时间,是指控制系统在受到阶跃外作用后,被控变量从原稳态值达到新稳态值所需要的时间,理论上来说被控变量达到新的稳态值需要无限长的时间。因此,实际应用中当被控变量从过渡过程开始到进入稳态值附近 $\pm 5\%$ 或 $\pm 2\%$ 范围内并且不再超出此范围时所需要的时间,作为过渡过程的调节时间 T_s。调节时间是衡量控制系统快速性的指标。

控制系统的快速性也可以用振荡频率 ω 来表示。振荡频率 ω 可以用振荡周期 T 表示为

$$\omega = \frac{2\pi}{T} \tag{1.5}$$

在衰减比相同的条件下,振荡频率与调节时间成反比,振荡频率越高,调节时间越短;在相同振荡频率下,衰减比越大,调节时间越短。因此,振荡频率也可作为控制系统的快速性指标。

二、综合控制指标

单项性能指标虽然能够体现系统某一方面的性能,但这些指标往往相互影响、相互制约,系统设计时往往要全面考虑、综合衡量。因此,希望有一个综合控制指标,能够全面反映

控制系统性能。最典型的综合控制指标就是偏差的积分指标,它是过渡过程中偏差沿时间轴的积分。过渡过程中动态偏差的幅度越大或其存在时间越长,控制品质越差,所以偏差积分指标能够体现系统的综合性能。偏差积分有多种不同的形式,常用的有 4 种表达,在下述 4 种表达式中,J 为目标函数值,e 为动态偏差。

$$J = \int_0^\infty f(e,t)\mathrm{d}t \tag{1.6}$$

① 偏差积分(IE):

$$f(e,t) = e, J = \int_0^\infty e\mathrm{d}t \tag{1.7}$$

② 平方偏差积分(ISE):

$$f(e,t) = e^2, J = \int_0^\infty e^2 \mathrm{d}t \tag{1.8}$$

③ 绝对偏差积分(IAE):

$$f(e,t) = |e|, J = \int_0^\infty |e| \mathrm{d}t \tag{1.9}$$

④ 时间与偏差绝对值乘积的积分(ITAE):

$$f(e,t) = |e|t, J = \int_0^\infty |e| t\mathrm{d}t \tag{1.10}$$

不同的偏差积分公式侧重于过渡过程不同的优良程度。例如,IE 指标对衰减比不敏感,ISE 侧重于抑制过渡过程中的大误差,而 ITAE 则侧重于过渡过程后期的偏差对指标的影响,惩罚过渡过程拖得过长。在选择时要根据生产过程的要求,结合实际的经济效益加以选用。

过程控制系统控制质量的好坏,是由组成系统的结构、被控过程与控制仪表等各个环节的特性所共同决定的。自动控制装置在选用时应符合被控过程的特性,才能达到预期的控制质量。为了提高控制系统的性能指标,要综合考虑各个环节对系统整体性能的影响,在控制系统的设计运行过程中应该充分注意。

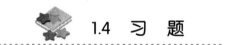

1.4 习　题

1. 什么是过程控制系统?
2. 过程控制系统的基本组成是什么?
3. 常用过程控制系统可分为哪几类?
4. 过程控制系统时域响应性能指标包括哪些,它们分别反映系统哪方面性能?
5. 过程控制系统综合控制指标中偏差积分指标常用的有哪几项?
6. 图 1.1(c)为锅炉汽包水位自动控制系统示意图,试画出该控制系统的框图。简述其工作原理,并指出该系统中的被控过程、被控量、控制量和干扰量。

第 2 章　过程动态特性与建模

2.1　数学模型的定义

为了能够对过程控制系统进行定性、定量地分析、设计和计算，首先要掌握构成系统各个环节的特性，建立系统（或环节）的数学模型。控制系统的数学模型，是描述系统输入变量、输出变量以及内部各变量之间关系的数学表达式。常用的数学模型有微分方程、传递函数、差分方程等，它们反映了系统的输出量、输入量和内部各种变量间的关系，表征了系统的内部结构和内在特性。建立合理的数学模型，对于系统的分析研究至关重要。一般应根据系统的实际结构参数及计算所需的精度，略去一些次要因素，使模型既能准确地反映系统的动态本质，又能简化计算工作。

建立过程数学模型的方法主要有以下两种。

1. 机理法建模

机理法建模是根据生产过程中的内在机理，应用物料平衡、能量平衡和有关的化学、物理规律以及各种运动方程、设备特性方程等建立过程的数学模型。机理法建模的首要条件是生产过程的机理必须已经为人们充分掌握，并且可以比较确切地加以数学描述。在计算机尚未得到普及应用时，除非是非常简单的被控对象，否则很难得到阶次较低、适用的数学形式表达的模型。用机理法建模时，会存在许多难以确定的模型参数或太繁琐，这时可以用测试的方法来建模。

2. 测试法建模

测试法建模指根据工业过程的输入和输出的实测数据进行某种数学处理后得到的模型，它是将被研究的工业过程看作一个黑匣子，在系统的输入端加上一定形式的测试信号，通过实验测试出系统的输出信号，完全从外特性上测试和描述该过程的动态性质。测试法建模必须关注过程所处的工况，对于建模数据中未包括的工况，测试法建立的模型无法适用，这是测试法建模的一个很大的缺点。

2.2 被控过程的数学模型

被控过程的动态特性是控制系统设计的依据,而过程控制系统在运行中有两种状态:静态和动态。静态数学模型是指当系统没有受到外来扰动作用,同时设定值保持不变,过程输出变量和输入变量之间不随时间变化时的数学关系。动态数学模型是指当系统受到扰动作用,或设定值保持变化,过程输出变量和输入变量之间随时间变化时动态关系的数学描述。过程控制的目的就是当系统处于动态时,通过控制器的作用使得系统重新恢复平衡稳定的状态。控制系统的设计方案以及控制器的参数整定都是依据被控过程的控制要求和动态特性进行的。因此,充分了解过程的特性,掌握其内在规律,确定合适的被控变量和控制变量,才能设计出合乎工艺要求的控制系统。

2.2.1 过程特性的类别

工业生产过程中常采用阶跃信号作为系统的输入信号,以输出的阶跃响应表示过程的动态特性。以阶跃响应分类,典型的工业过程动态特性分属下列四类。

1. 自衡的非振荡过程

在外部阶跃输入信号作用下,过程原有的平衡状态被破坏,被控变量不经振荡自发地趋于新稳态值,这类工业过程称为具有自衡的非振荡过程,如图 2.1 所示。过程有无自衡特性,取决于过程本身的结构和性质。具有自衡特性的过程比较容易控制,在工业生产过程中最为常见。

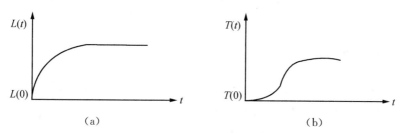

图 2.1 自衡的非振荡过程

2. 无自衡的非振荡过程

在阶跃输入信号作用下的输出响应曲线无振荡地从一个稳态一直上升或下降,不能达到新的稳态,这类工业过程称为无自衡的非振荡过程,如图 2.2 所示。该类过程没有自衡能力,但组成闭环控制系统后经过调节可以稳定。通常,无自衡过程要比自衡过程难控制一些。

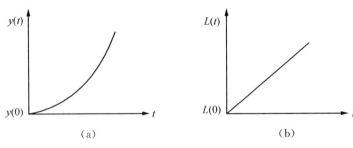

图 2.2　无自衡的非振荡过程

3. 自衡的振荡过程

在阶跃输入信号作用下,被控变量上下震荡,输出信号呈现衰减振荡特性,最终过程能趋于新的稳态值,这类工业过程称为自衡的振荡过程,如图 2.3 所示。在控制过程中,这类过程不多见,也要比自衡过程难控制。

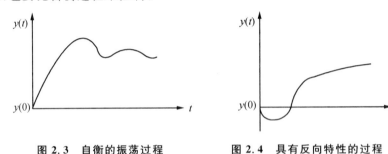

图 2.3　自衡的振荡过程　　　　图 2.4　具有反向特性的过程

4. 具有反向特性的过程

在阶跃输入信号作用下,被控变量的开始与终止时出现反向的变化,即阶跃响应先降后升或先升后降,这类工业过程称为具有反向特性的过程,如图 2.4 所示。该过程的这种性质称为反向特性。

2.2.2　传递函数

描述环节或系统的动态特性,最基本的形式是微分方程,但是,微分方程在运算过程中较为复杂,所以通常习惯于采用传递函数和方框图来表示系统各环节的动态特性。传递函数是描述过程控制系统或环节动态特性的另一种数学模型表达式,它可以更直观、形象地表示一个系统的结构和系统各变量间的相互关系,利用拉普拉斯变换使运算更为简化。经典控制理论的主要研究方法都建立在传递函数的基础上。

1. 传递函数的定义

传递函数的定义为:在线性定常系统(或环节)中,当初始条件为零时,系统(或环节)输出量的拉普拉斯变换式与输入量的拉普拉斯变换式之比。

设一线性系统(或环节)的输入变量为 $r(t)$,输出变量为 $c(t)$,对系统的微分方程式进行拉普拉斯变换,再经整理便可求得传递函数 $G(s)$。

$$\text{传递函数 } G(s) = \frac{\text{输出量的拉氏变换}}{\text{输入量的拉氏变换}} \bigg|_{\text{初始条件为零}} = \frac{Y(s)}{X(s)} \qquad (2.1)$$

2. 传递函数的性质

(1) 传递函数是经拉普拉斯变换导出的,拉普拉斯变换是一种线性积分运算,因此传递函数的概念只适用于线性定常系统。

(2) 传递函数是在零初始条件下定义的,即在零时刻之前,系统在所给定的平衡工作点是处于相对静止状态的。

(3) 传递函数中各项系数只取决于系统的结构和参数,而与系统的输入量、扰动量等外部因素无关。它表示系统的固有特性,是一种在复数域描述系统的数学模型。

(4) 一个传递函数只能表明一个输入对输出的关系。同一系统,取不同变量作为输出,以设定值或不同位置时扰动为输入,传递函数将各不相同。

(5) 传递函数是由微分方程变换得来的,它和微分方程之间存在着一一对应的关系。对于一个确定的系统(输出量与输入量都已确定),其微分方程是唯一的,所以,其传递函数也是唯一的。

3. 被控过程传递函数的一般形式

在常规过程控制系统中,被控对象的数学模型通常用传递函数来表示,根据被控过程的动态特性,典型工业过程控制系统所涉及的传递函数一般有以下四种形式。

(1) 一阶惯性环节加纯延迟环节:

$$G(s) = \frac{K}{Ts+1} e^{-\tau \cdot s} \tag{2.2}$$

(2) 二阶惯性环节加纯延迟环节:

$$G(s) = \frac{K}{(T_1 s+1)(T_2 s+1)} e^{-\tau \cdot s} \tag{2.3}$$

(3) n 阶惯性环节加纯延迟环节:

$$G(s) = \frac{K}{(T_1 s+1)(T_2 s+1)\cdots(T_n s+1)} e^{-\tau \cdot s} \tag{2.4}$$

(4) 用有理分式表示的传递函数:

$$G(s) = \frac{b_m s^m + \cdots + b_1 + 1}{a_n s^n + \cdots + a_1 + 1} e^{-\tau \cdot s}, n > m \tag{2.5}$$

上述四种形式只适用于自平衡过程,对于非自平衡过程,其传递函数应含有一个积分环节,即

$$G(s) = \frac{1}{Ts} e^{-\tau \cdot s} \text{ 和 } G(s) = \frac{1}{T_2 s (T_1 s + 1)} e^{-\tau \cdot s} \tag{2.6}$$

2.2.3 过程特性的一般分析

工业生产中大多是多容过程(即阶次 $n \geqslant 2$ 的高阶过程),其传递函数一般表示为

$$G(s) = \frac{K}{(T_1 s+1)(T_2 s+1)\cdots(T_n s+1)} e^{-\tau \cdot s} \tag{2.7}$$

不同阶次过程的阶跃响应曲线如图 2.1 所示。在阶跃信号的作用下,被控变量的速度在开始时变化比较缓慢,经过一段时间后响应速度才能达到最大,称多容过程中扰动的响应

在时间上的延迟为容量滞后,用 τ_c 表示。这种延迟是由于前一个惯性环节的作用使得后一个环节的输出量变化在时间上落后于扰动量。被控对象的容积个数越多,其动态方程的阶次越高,容积延迟越大。图 2.5 表示具有 1~8 个容积的被控对象的阶跃响应曲线。显然,随着过程阶次的增加,其阶跃响应曲线愈趋于平缓,相应地传递函数也愈复杂。高阶次的过程响应虽然会比较平稳,但这会使得被控过程数学模型的建立更加困难,对系统特性的分析也就更为复杂。

为了简化过程的数学模型,如图 2.6 所示的多容过程的阶跃响应曲线 DBE 上,在曲线拐点 B 处作切线 AC,用纯滞后 ODC 和无纯滞后单容(一阶)过程的动态特性曲线 CBE 所组成的曲线 $ODCBE$ 来近似地表示多容过程的动态特性。纯滞后 ODC 段的滞后时间 $\tau = \tau_0 + \tau_c$,线段 AC 在时间轴上的投影即为过程的等效时间常数 T。

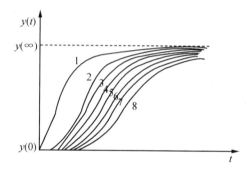
图 2.5 多容过程的阶跃响应曲线

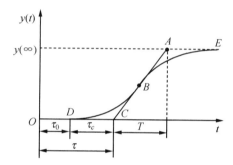
图 2.6 多容过程响应曲线的近似处理

经过上述处理后,多容过程的传递函数可近似表示为

$$G(s) = \frac{K}{Ts+1} e^{-\tau s} \tag{2.8}$$

过程控制中的热工过程大多数具有多容特性,采用式(2.8)进行计算更为简便一些。

由此可见,描述自衡非振荡过程的特性参数有放大系数 K、时间常数 T 和滞后时间 τ。

2.3 机理法建模

2.3.1 机理法建模步骤

运用理论分析的方法(机理法建模)来建立过程的数学模型时,其最基本的方法是根据过程的内部机理列出各种有关的平衡方程,从而获得过程的数学模型。这种方法获得的模型物理概念清晰、准确,给出了系统输入/输出变量之间的关系。微分方程是过程数学模型最基本的表示形式。

机理建模的一般步骤如下所述:

(1) 根据建模对象和模型使用目的做出合理假设,确定过程的输入变量和输出变量实际的生产过程通常都非常复杂,而任何一个数学模型都是有假设条件的,不可能完全精确地用数学公式把客观实际描述出来;即使可能的话,结果也往往无法实际应用。在满足模型应用要求的前提下,结合对建模对象的了解,忽略次要因素。对同一个建模对象,根据建模对象使用的场合,按照对提出模型的要求做出合理假设,确定过程的输入变量和输出变量。

(2) 根据过程内在机理,列写原始方程,建立数学模型建模的主要依据是物料、能量和动量平衡关系式及化学反应动力学,如物料平衡方程、能量平衡方程、动量平衡方程、相平衡方程,以及某些物性方程、设备特性方程、化学反应定律、电路基本定律等,从而获得过程的数学模型。

(3) 消去中间变量,并在工作点处进行线性化处理,简化过程特性,得到只含有输入/输出变量的数学表达式。

从应用上讲,动态模型应在能够达到建模目的的前提下,以及充分反映过程动态特性的情况下,尽可能简单。常用的方法有忽略某些动态平衡算式、分布参数系统集总化和模型降阶处理等。在建立过程动态数学模型时,输出变量、状态变量和输入变量可用三种不同形式,即绝对值、增量和无量纲。在控制理论中,增量形式得到广泛的应用,它可用减少非线性的影响,而且通过坐标的移动,把稳态工作点定位在原点,使输出/输入关系更加简单清晰,便于运算;在控制理论中广泛应用的传递函数,就是在初始条件为零的情况下定义的。对于线性系统,增量方程式的列写很方便,只要将原始方程中的变量用它的增量代替即可。对于原来非线性的系统则需进行线性化,在系统输入和输出的工作范围内,把非线性关系近似为线性关系。

上述介绍的是运用机理法建模来求取过程的数学模型的方法。这种方法对于简单过程是容易获取其数学模型的,但实际生产中的被控过程十分复杂,通常用机理法建模难以解决问题。因此,工程中往往需要依靠测试法建模获取过程的数学模型。

2.3.2 单容过程的传递函数

一、单容水槽

单容水槽如图 2.7 所示,不断有水流入槽内,同时也有水不断从槽中流出。流入水量由控制阀开度控制,流出水量则由用户根据需要通过负载阀 R 控制。被控变量为水位 H,它反映水槽中水量的流入与流出之间的平衡关系。现分析水位在控制阀开度扰动下的动态特性。

设水槽起始为稳定平衡状态,起始水位为 H_0,水槽横截面积为 A,流入水量 Q_{i0} 等于流出水量 Q_{o0},在流出侧负载阀开度不变的情况下,控制阀开度发生阶跃变化 $\Delta \mu$ 时,流入水量变化 ΔQ_i,流出水量变化 ΔQ_o。液位变化量 Δh 应满足下述物料平衡方程:

$$\Delta Q_i - \Delta Q_o = A \frac{\mathrm{d}\Delta h}{\mathrm{d}t} \tag{2.9}$$

当控制阀前后压差不多时,ΔQ_i 与 $\Delta \mu$ 成正比关系,即

$$\Delta Q_i = K_\mu \Delta \mu \tag{2.10}$$

式中,K_μ(m/s)为阀门流量系数。

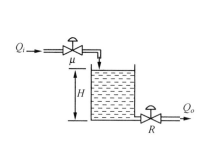
图 2.7 单容水槽

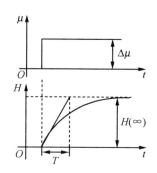
图 2.8 单容水槽水位阶跃响应

流出量与液位高度的关系为

$$Q_o = A\sqrt{2gH} = K\sqrt{H} \qquad (2.11)$$

式中,K 为与负载阀有关的系数,在开度不变的情况下,K 可视为常数。

式(2.11)为一个非线性微分方程,如果水位始终保持在其稳态值附近很小的范围内变化,将式(2.10)进行线性化,可得

$$R = \frac{\Delta h}{\Delta Q_o} \qquad (2.12)$$

将式(2.10)和式(2.12)代入式(2.9)中,可得

$$K_\mu \Delta \mu - \frac{\Delta h}{R} = A \frac{\mathrm{d}\Delta h}{\mathrm{d}t} \qquad (2.13)$$

整理,可得

$$RA \frac{\mathrm{d}\Delta h}{\mathrm{d}t} + \Delta h = K_\mu R \Delta \mu \qquad (2.14)$$

令 $T = RA, K = K_\mu R$,则式(2.14)变为

$$T \frac{\mathrm{d}\Delta h}{\mathrm{d}t} + \Delta h = K \Delta \mu \qquad (2.15)$$

对式(2.15)进行拉普拉斯变换,可得水位变化与阀门开度变化之间的传递函数为

$$G(s) = \frac{\Delta H(s)}{\Delta \mu(s)} = \frac{K}{Ts+1} \qquad (2.16)$$

如图 2.9 所示为一 RC 无源网络,输入电压为 u_i,输出电压为 u_o。根据基尔霍夫电路定律可得电路方程为

$$RC \frac{\mathrm{d}u_o}{\mathrm{d}t} + u_o = u_i \qquad (2.17)$$

令 $T = RC$,则式(2.17)变为

$$T \frac{\mathrm{d}u_o}{\mathrm{d}t} + u_o = u_i \qquad (2.18)$$

图 2.9 RC 无源网络

对式(2.18)进行拉普拉斯变换,可得 RC 无源网络的传递函数为

$$G(s) = \frac{u_o(s)}{u_i(s)} = \frac{1}{Ts+1} \qquad (2.19)$$

由式(2.16)和式(2.19)可知,两种单容被控对象都是一阶惯性环节,虽然两种结构的物理特性不同,但可以具有相同的动态特性。

二、具有纯延迟的单容水槽

具有纯延迟的单容水槽如图 2.10 所示,与图 2.7 所示的单容水槽不同的是,控制阀多了一段管道输送。因此,控制阀开度发生阶跃变化 $\Delta \mu$ 时所引起的流入水量变化 ΔQ_i,需要经过一段传输时间 τ_0 才能实现,τ_0 为一纯延迟时间。

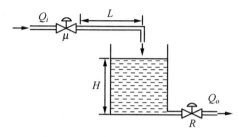

图 2.10 具有纯延迟的单容水槽

由式(2.15)同理可得,具有纯延迟环节的单容对象的微分方程为

$$T \frac{\mathrm{d}\Delta h}{\mathrm{d}t} + \Delta h = K \Delta \mu(t - \tau_0) \tag{2.20}$$

由式(2.20)可得其对应的传递函数为

$$G(s) = \frac{\Delta H(s)}{\Delta \mu(s)} = \frac{K}{Ts+1} \mathrm{e}^{-\tau_0 s} \tag{2.21}$$

具有纯延迟的单容水槽的传递函数比单容水槽的传递函数多了延迟环节 $\mathrm{e}^{-\tau_0 s}$。

三、无自平衡能力的单容积分水槽

单容积分水槽如图 2.11 所示,与图 2.7 所示的单容水槽不同的是,水槽的流出侧装有一个排水泵。水泵排出的水量是恒定的,其值与液位高低无关,即 $\Delta Q_o = 0$。当流入端的流量发生阶跃变化时,由于流出量是恒定不变的,则水槽液位或上升直至溢出,或下降直至水槽流空,这个过程即是无自平衡过程。

由于 $\Delta Q_o = 0$,根据式(2.9)和式(2.10)推导可得液位变化量 Δh 应满足下述物料平衡方程:

$$\Delta Q_i = K_\mu \Delta \mu = A \frac{\mathrm{d}\Delta h}{\mathrm{d}t} \tag{2.22}$$

对式(2.22)进行拉普拉斯变换,可得水位变化与阀门开度变化之间的传递函数为

$$G(s) = \frac{\Delta H(s)}{\Delta \mu(s)} = \frac{K_\mu}{A} \frac{1}{s} = \frac{1}{T_a} \frac{1}{s} \tag{2.23}$$

式中,令 $T_a = \frac{A}{K_\mu}$,称为响应时间。由式(2.23)可知,这是一个积分环节,其响应曲线如图 2.12 所示。

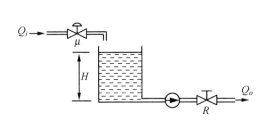 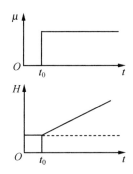

图 2.11 无自平衡能力的单容积分水槽　　图 2.12 无自平衡能力的单容积分水槽响应曲线

2.3.3 多容过程的传递函数

工业生产中往往不会是只有一个储能元件的单容过程,大多是具有多个储能元件的多容过程,分析过程会比较复杂。

一、双容水槽

双容水槽如图 2.13 所示,相当于是两个单容水槽的串联。水槽 1 的流入水量 Q_i 由控制阀开度 μ 控制,流出水量 Q_{o1} 通过负载阀 R_1 控制。水槽 2 的流入水量即为水槽 1 的流出水量 Q_{o1},流出水量 Q_{o2} 通过负载阀 R_2 控制。被控变量为水槽 2 的水位 H_2,现分析水位 H_2 在控制阀开度 μ 扰动下的动态特性。

设水槽起始为稳定平衡状态,起始水位为 H_{o1}、H_{o2},两个水槽横截面积分别为 A_1、A_2,控制阀开度发生阶跃变化 ΔQ_i 时,水槽 1 流入水量变化,水槽 1 流出水量变化(即水槽 2 流入水量变化)ΔQ_{o1},水槽 2 流出水量变化 ΔQ_{o2}。水槽 1 和水槽 2 的液位变化量 Δh_1 和 Δh_2 应满足下述物料平衡方程:

$$水槽 1: \Delta Q_i - \Delta Q_{o1} = A_1 \frac{d\Delta h_1}{dt} \tag{2.24}$$

$$水槽 2: \Delta Q_{o1} - \Delta Q_{o2} = A_2 \frac{d\Delta h_2}{dt} \tag{2.25}$$

当控制阀采用线性阀时,则有

$$\Delta Q_i = K_\mu \Delta \mu; \Delta Q_{o1} = \frac{1}{R_1} \Delta h_1; \Delta Q_{o2} = \frac{1}{R_2} \Delta h_2 \tag{2.26}$$

将式(2.26)代入式(2.24)和式(2.25)中,可得

$$T_1 T_2 \frac{d^2 \Delta h_2}{dt^2} + (T_1 + T_2) \frac{d\Delta h_2}{dt} + \Delta h_2 = K \Delta \mu \tag{2.27}$$

式中,$T_1 = R_1 A_1$;$T_2 = R_2 A_2$;$K = K_\mu R_2$。

对式(2.27)进行拉普拉斯变换可得双容水槽的传递函数为

$$G(s) = \frac{\Delta H_2(s)}{\Delta \mu(s)} = \frac{K}{T_1 T_2 s^2 + (T_1 + T_2)s + 1} \tag{2.28}$$

由式(2.28)可知,双容水槽为一个二阶系统。其阶跃响应如图 2.14 所示。从图中可知,双容水槽的阶跃响应不是指数函数,起始阶段与单容水槽的阶跃响应不同的是水位变化

速度。

若双容水槽具有纯延迟结构,那么对应的传递函数会含有纯延迟环节 $e^{-\tau s}$:

$$G(s) = \frac{\Delta H_2(s)}{\Delta \mu(s)} = \frac{K}{T_1 T_2 s^2 + (T_1 + T_2)s + 1} e^{-\tau s} \quad (2.29)$$

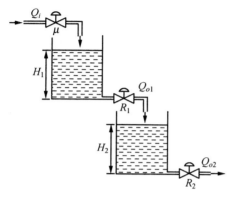

图 2.13 双容水槽

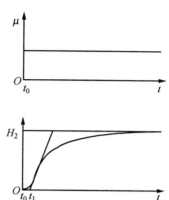

图 2.14 双容水槽的阶跃响应

二、无自平衡能力的双容水槽

无自平衡能力的双容水槽如图 2.15 所示,与图 2.13 所示的双容水槽不同的是,水槽的流出侧装有一个排水泵,使得双容水槽无自平衡能力。

$$\text{水槽 } 1: \Delta Q_i - \Delta Q_{o1} = A_1 \frac{d\Delta h_1}{dt} \quad (2.30)$$

$$\text{水槽 } 2: \Delta Q_{o1} - \Delta Q_{o2} = A_2 \frac{d\Delta h_2}{dt} \quad (2.31)$$

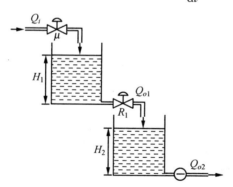

图 2.15 无自平衡能力的双容水槽

当控制阀采用线性阀时,则有

$$\Delta Q_i = K_\mu \Delta \mu; \Delta Q_{o1} = \frac{1}{R_1} \Delta h_1 \quad (2.32)$$

式中,两个水槽横截面积分别为 A_1、A_2;K_μ 为控制阀的线性化系数;R_1 为阀的线性化水阻。

将式(2.32)代入式(2.30)和式(2.31)中,可得

$$T_1 \frac{d^2 \Delta h_2}{dt^2} + \frac{d\Delta h_2}{dt} = \frac{1}{T_2} \Delta \mu \quad (2.33)$$

式中，$T_1 = R_1 A_1$；$T_2 = \dfrac{A_2}{K_\mu}$。

对式(2.33)进行拉普拉斯变换可得无自平衡能力双容水槽的传递函数为

$$G(s) = \frac{\Delta H_2(s)}{\Delta \mu(s)} = \frac{1}{T_2 s(T_1 s + 1)} \tag{2.34}$$

三、无自平衡能力的多容水槽

若是将多个单容水槽串联，形成多容过程，由于中间环节增多，被控对象的惯性将随之增大，同理可得多容水槽的传递函数为

$$G(s) = \frac{1}{T_a s(T_1 s + 1)(T_2 s + 1)\cdots(T_n s + 1)} \tag{2.35}$$

若近似认为 $T_1 = T_2 = \cdots = T_n = T$，即由多个等容环节的串联来近似，其传递函数变为

$$G(s) = \frac{1}{T_a s(Ts + 1)^n} \tag{2.36}$$

这就是说，无自平衡能力的多容对象可以近似地看成是由一个积分环节和 n 个等容惯性环节串联组成。

若还有纯延迟环节，多容对象的传递函数应为

$$G(s) = \frac{1}{T_a s(Ts + 1)^n} e^{-\tau_0 s} \tag{2.37}$$

2.4 测试法建模

实际生产中的被控过程十分复杂，在无法用机理建模法得到数学模型的情况下，可以采用测试法建模。测试法建模是根据工业过程的输入和输出的实测数据进行某种数学处理后得到的模型，完全从外特性上测试和描述它的动态性质。过程的动态特性只有当它处于变动状态下才会表现出来，稳态下是无法表现的。因此，测试法建模的具体做法就是直接在生产设备或机器中施加典型的试验信号（常用阶跃信号或矩形脉冲信号）作为扰动，并对该过程的输出变量（被控变量）进行测量和记录，测得反映过程动态特性的反应曲线，而后进行分析整理，便得到表征过程动态特性的数学模型。常见的测试方法有时域法、频域法和统计相关法。在此仅介绍较为简单且在工业生产上广泛应用的时域法，在被控对象上施加阶跃输入，测绘出被控对象输出变量随时间变化的响应曲线。

一、阶跃响应的获取

对象的阶跃响应曲线比较直观地反映对象的动态特性，其实验原理如图 2.16 所示。由于它是直接来自原始的记录曲线数据，从响应曲线中也易于直接求出其对应的传递函数，因此阶跃输入信号是时域法首选的输入信号。但是当生产上的控制要求较严、不允许长时间的阶跃扰动时，则应采用对生产影响更小的矩形脉冲法。在实际工业过程中进行这种测试

会遇到许多实际问题,如不能因测试使正常生产受到严重扰动,还要尽量设法减少其他随机扰动的影响,并考虑系统中非线性因素等。为了得到可靠的测试结果,应注意以下事项。

(1) 合理选择阶跃扰动信号的幅度。过小的阶跃扰动幅度不能保证测试结果的可靠性,而过大的扰动幅度则会使正常生产受到严重干扰,甚至危及生产安全,一般取正常输入值的 $5\%\sim15\%$。

(2) 试验开始前确保被控对象处于某一选定的稳定工况。试验期间应设法避免发生偶然性的其他扰动。

(3) 考虑到实际被控对象的非线性,应选取不同负荷,在被控变量的不同设定值下,进行多次测试。即使在同一负荷和被控变量的同一设定值下,也要在正向和反向扰动下重复测试,以求全面掌握对象的动态特性。

(4) 试验要进行到被控变量接近稳态值,或至少要达到被控变量的变化速度已达至最大值之后。

(5) 要特别注意记录下响应曲线的起始部分,如果这部分没有测出(或测准),就难以获得过程的动态特性参数。

(6) 实验结束、获得测试数据后,应进行数据处理,剔除明显不合理的部分。

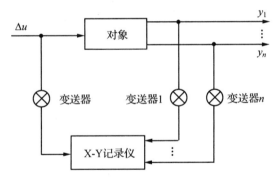

图 2.16 测定过程阶跃响应的原理

二、由阶跃响应确定过程的近似传递函数

用测试法建模的首要问题就是选定模型的结构,前文描述了自平衡被控过程传递函数的一般形式,无自平衡被控过程的传递函数中会多一个积分环节。如何根据测得的阶跃响应,选择合适的模型拟合成近似的传递函数,这与测试者对被控对象的先验知识掌握情况和个人经验有关。通常,可先将测试的阶跃响应曲线与标准的一阶和二阶响应曲线进行比较,来确定其相近曲线对应的传递函数形式作为其数据处理的模型。确定了传递函数的形式后,下一步的问题就是如何确定其中的各个参数,使之能拟合测试出的阶跃响应。各种不同形式的传递函数中所包含的参数数目不同。一般来说,模型的阶数越高,参数就越多,可以拟合得更完美,但计算工作量也越大。所幸的是,闭环控制尤其是最常用的 PID 控制并不要求非常准确的被控对象数学模型。因此,在满足精度要求的情况下,尽量使用低阶传递的数来拟合,故简单的工业过程对象一般采用一阶、二阶惯性加纯延迟的传递函数来拟合。

对于所获过程的阶跃响应曲线,工程上常用切线法、图解法及两点法等数据处理方法来求取过程的特性参数 K、T、τ，由此便可得到过程的传递函数。下面介绍几种确定一阶、二阶惯性加纯延迟的传递函数参数的方法。

2.4.1 一阶惯性环节加纯滞后过程的传递函数

一、作图法

一阶自平衡过程的阶跃响应是一条指数曲线，如图 2.17 所示。只需确定过程的放大系数 K、时间常数 T、纯滞后时间 τ_0，便可求得传递函数 $G(s) = \dfrac{K}{Ts+1} \mathrm{e}^{-\tau_0 s}$。

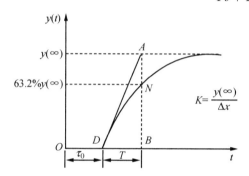

图 2.17 一阶加纯滞后过程的阶跃响应曲线

① 放大系数 K。

由所测阶跃响应曲线估计并绘出被控变量的稳态值 $y(\infty)$，即可求出放大系数

$$K = \frac{y(\infty) - y(0)}{\Delta x} = \frac{y(\infty)}{\Delta x} \tag{2.38}$$

式中，Δx 为输入阶跃信号的幅值，$y(0)$ 为被控量的原稳态值。处理时通常将阶跃响应曲线的坐标原点设置在原稳态点 $(0, y(0))$，因此可视 $y(0) = 0$。这样处理会使运算更为简便。

② 纯滞后时间 τ_0。

由坐标原点 O 到被控变量的起始变化点 D 所经历的时间即为纯滞后时间 τ_0。

③ 时间常数 T。

由阶跃响应曲线的起始变化点 D 作切线，该切线与被控变量稳态值 $y(\infty)$ 的渐近线相交于一点 A，则 DA 在时间轴上的投影即为时间常数 T。

将 K、T 代入传递函数表达式中，即得到一阶惯性加纯滞后自衡过程的传递函数。

二、计算法

上述用作图法求取的参数不够准确，可以用阶跃响应曲线 $y(t)$ 上的两点数据计算得到 T 和 τ_0 的值，K 值仍然用式 (2.38) 的方法计算。

首先需要把 $y(t)$ 转换成无量纲形式 $y^*(t)$，即

$$y^*(t) = \frac{y(t)}{y(\infty)} \tag{2.39}$$

系统化为无量纲形式后，与一阶惯性环节有纯滞后过程的传递函数 $G(s) = \dfrac{K}{Ts+1} \mathrm{e}^{-\tau_0 s}$ 相对应的阶跃响应无量纲形式为

$$y^*(t) = \begin{cases} 0, & t < \tau, \\ 1 - \exp\left(-\dfrac{t-\tau}{T}\right), & t \geqslant \tau \end{cases} \qquad (2.40)$$

上式中还有两个参数 T 和 τ，为了求出这两个参数，可以选择两个时刻 t_1 和 t_2 ($t_2 > t_1 \geqslant \tau$)，从测试结果中读出 t_1 和 t_2 时刻的输出信号 $y^*(t_1)$ 和 $y^*(t_2)$，联立方程：

$$\begin{cases} y^*(t_1) = 1 - \exp\left(-\dfrac{t_1-\tau}{T}\right), \\ y^*(t_2) = 1 - \exp\left(-\dfrac{t_2-\tau}{T}\right) \end{cases} \qquad (2.41)$$

由式(2.41)可解得

$$\begin{cases} T = \dfrac{t_2 - t_1}{\ln[1-y^*(t_1)] - \ln[1-y^*(t_2)]}, \\ \tau = \dfrac{t_2 \ln[1-y^*(t_1)] - t_1 \ln[1-y^*(t_2)]}{\ln[1-y^*(t_1)] - \ln[1-y^*(t_2)]} \end{cases} \qquad (2.42)$$

为了计算方便，一般选取 $y^*(t_1) = 0.39$ 和 $y^*(t_2) = 0.63$，代入式(2.42)可得

$$\begin{cases} T = 2(t_2 - t_1), \\ \tau = 2t_1 - t_2 \end{cases} \qquad (2.43)$$

由此便可以计算出 T 和 τ，还可以另取两个时刻进行校验，即

$$\begin{cases} t_3 = 0.8T + \tau, \\ t_4 = 2T + \tau, \end{cases} \quad \begin{cases} y^*(t_3) = 0.55, \\ y^*(t_4) = 0.87 \end{cases} \qquad (2.44)$$

两点计算法的特点是单凭两个孤立点的数据进行拟合，而不顾及整个测试曲线的形态。此外，两个特定点的选择也具有某种随意性，因此可先将测试点平滑拟合画出响应曲线，再从平滑拟合后作出的响应曲线上取出所需两点，这样可以减小测量误差。

2.4.2 二阶惯性加纯延迟过程的传递函数

被控对象的响应曲线如图 2.17 所示，假定对象是高阶等容惯性环节：

$$G(s) = \dfrac{K}{(Ts+1)^n} e^{-\tau \cdot s} \qquad (2.45)$$

增益 K 值仍然用式(2.38)的方法计算。时间纯延迟 τ 可以根据阶跃响应曲线脱离起始的无反应阶段开始出现变化的时刻来确定，如图 2.18 所示。

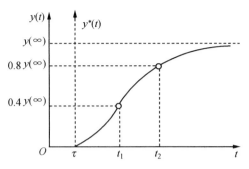

图 2.18 被控对象响应曲线

首先需要把 $y(t)$ 转换成无量纲形式 $y^*(t)$，即

$$y^*(t)=\frac{y(t)}{y(\infty)} \tag{2.46}$$

系统化为无量纲形式后，高阶等容惯性环节的传递函数为

$$G(s)=\frac{K}{(Ts+1)^n} \tag{2.47}$$

在阶跃响应曲线上，求出 $y^*(t_1)=0.4y(\infty)$ 所对应的时间 t_1 和 $y^*(t_2)=0.8y(\infty)$ 所对应的时间 t_2。

利用下列近似公式计算 n 和 T：

$$n\approx\left[\frac{1.075\dfrac{t_1}{t_2}}{1-\dfrac{t_1}{t_2}}+0.5\right]^2 \tag{2.48}$$

根据式(2.48)中求得的 n 值中，取最接近的一个整数值，其误差约为 $\pm 1\%$。

$$t_1+t_2\approx 2.16nT \tag{2.49}$$

$$T\approx\frac{t_1+t_2}{2.16n} \tag{2.50}$$

由式(2.50)求得的 T 值，在 $n=1\sim 16$ 时，误差约为 $\pm 2\%$。

参数 n 与 t_1/t_2 的关系如表 2.1 所示：

表 2.1 高阶惯性对象的参数 n 与 t_1/t_2 的关系

n	1	2	3	4	5	6	7	8	9	10	11	12	13	14
t_1/t_2	0.32	0.46	0.53	0.58	0.62	0.65	0.67	0.685	—	0.71	—	0.735	—	0.75

当 $n=2$ 时，$T\approx\dfrac{t_1+t_2}{4.32}$，将 K、T 和 τ_0 值代入传递函数表达式中，即得到二阶惯性加纯延迟过程的传递函数。

值得注意的是，由表 2.1 可知，当 n 在 6 阶以上时，t_1/t_2 的递增值已经很小了，因此，求出的 n 值也是不可靠的。

2.5 习题

1. 什么是对象的动态特性？为什么要研究对象的动态特性？
2. 通常描述对象动态特性的方法有哪些？
3. 过程控制中被控对象动态特性有哪些特点？
4. 单容对象的放大系数 K 和时间常数 T 各与哪些因素有关，试从物理概念上加以说明，并解释 K、T 的大小对动态特性有何影响。
5. 对象的纯滞后时间产生的原因是什么？
6. 某水槽如图 2.19 所示，其中 F 为槽的截面积，R_1、R_2 和 R_3 均为线性水阻，Q_1 为流入量，Q_2 和 Q_3 为流出量。

(1) 写出以水位 H 为输出量，Q_1 为输入量的对象动态方程；
(2) 写出对象的传递函数 $G(s)$，并指出其增益 K 和时间常数 T 的数值。

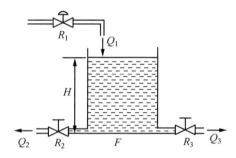

图 2.19 水槽

7. 有一复杂液位对象，其液位阶跃响应实验结果如下表所示：

t/s	0	10	20	40	60	80	100	140	180	250	300	400	500	600
h/cm	0	0	0.3	0.10	2.0	3.8	5.6	9	12	14.6	16.8	18.8	19.6	19.8

(1) 画出液位的阶跃响应曲线；
(2) 若该对象用带纯延迟的一阶惯性环节近似，试用作图法确定纯延迟时间 τ 和时间常数 T；
(3) 确定出该对象增益 K，设阶跃扰动量 $\Delta\mu=15\%$。

8. 某水槽水位阶跃响应实验数据如下表所示：

t/s	0	10	20	40	60	80	100	150	200	300	400
h/mm	0	9.6	18.2	34	46	58	65	78	87	96	98

其中阶跃扰动量 $\Delta\mu=20\%$。

(1) 画出水位的阶跃响应曲线；
(2) 水位对象用一阶惯性环节近似，试确定其增益 K 和时间常数 T。

9. 某温度对象矩形脉冲响应实验数据如下表所示：

t/min	1	3	4	5	8	10	15	16.5	20	25	30	20	25	30	40
θ/℃	0.45	1.8	3.8	9.2	19.1	26.2	36	37.6	33.7	27.6	22	10.6	5.3	2.8	1.0

已知矩形脉冲幅值为 $\frac{1}{3}$，脉冲宽度 Δt 为 12 min。

(1) 试将该矩形脉冲响应曲线转换为阶跃响应曲线；

(2) 用二阶惯性环节写出该温度对象的传递函数。

第3章 简单控制系统

简单控制系统,通常是指由一个被控对象(被控过程)、一个控制器(调节器)、一个执行器(控制阀)和一个检测变送器(检测元件及变送器)所组成的单闭环负反馈控制系统,也称为单回路控制系统。简单控制系统结构简单,是最基本的过程控制系统,约占控制系统总数的 80% 以上。一般是在简单控制系统不能满足控制要求的情况下,才用复杂的控制系统,而复杂的控制系统也是在简单控制系统的基础上发展起来的。

3.1 系统组成原理及设计

一、简单控制系统的结构组成

如图 3.1 所示的简单控制系统为蒸汽换热器的温度控制系统,该控制系统由蒸汽换热器、温度检测元件及温度变送器 TT、温度控制器 TC 和蒸汽流量控制阀组成。蒸汽换热器为被控对象;被加热物料的出口温度 T 是该控制系统的被控制变量。影响被控变量使之偏离设定值的因素统称为扰动。控制的目标是通过改变蒸汽流量以控制被加热物料的出口温度,将换热器出口物料的温度维持在工艺规定的设定值上,这是工业生产中最为常见的换热器控制方案。该控制系统的工作过程如下:当系统受到扰动作用后,被控变量(温度)发生变化,通过温度检测元件及温度变送器 TT 得到测量值,并将其传送到温度控制器 TC;在 TC 中将被控量的测量值与设定值进行比较得到偏差,控制器 TC 对偏差进行一定的运算后,输出控制信号;该控制信号作用于蒸汽流量控制阀,改变蒸汽流量以抑制扰动的影响,使被控变量回到设定值,这样就完成了所要求的控制任务。

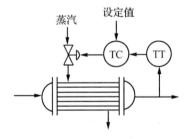

图 3.1 简单控制系统示例

由此可见,过程控制系统的工作过程就是应用负反馈控制原理。如图 3.2 所示是简单控制系统的典型方框图。由图可知,简单控制系统有着共同的特征,它们均由四个基本环节组成,即被控对象、测量变送器、控制器和执行器。对于不同对象的简单控制系统,尽管其具体装置与变量不相同,但都可以用相同的方框图来表示,这就便于对它们的共性进行研究。由于已在第 1 章中介绍了简单控制系统中各组成部分的作用,故在此不再复述。

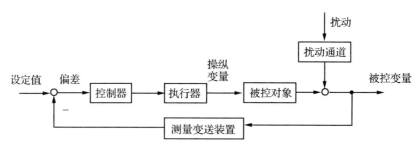

图 3.2 简单控制系统方框图

简单控制系统是最基本、应用最广泛的系统,因此,学习和研究简单控制系统的结构、原理及使用是十分必要的。同时,简单控制系统是复杂控制系统的基础,掌握了简单控制系统的分析和设计方法,将会给复杂控制系统的分析和研究提供很大的方便。

二、简单控制系统的设计原理

过程控制系统设计要在较为全面地熟悉、掌握自动化专业知识和控制工艺装置对象的基础上,根据产品质量、运行稳定性和生产安装等多方面的要求,采用适合的控制方式和技术加以实现。控制方案中技术要求必须切合实际,切忌盲目追求控制系统的先进性和所用仪表及装置的先进性。在控制系统的设计中,被控过程是由生产工艺要求所决定的客观存在,一旦确定下来,通常是不能随意改变的,因此应注重选择那些能满足控制质量要求,且在应用上较为成熟的控制方案。

1. 控制方案的确定

控制系统的设计关键就是制订控制方案,包括被控变量的选择,控制信号的选择,测量信息的获取和变送,执行器的选择和调节规律的确定等内容。制订控制方案要依据整个设计项目的自动化水平、被控过程的性能、控制目标和技术要求对各个具体控制系统方案进行讨论确定。对于比较大的控制系统工程,更要从实际情况出发,反复多方论证,以避免大的失误。控制系统的方案设计是整个设计的核心,是关键的第一步。一旦确定了系统的控制方案,系统的组成和控制方式就确定了。

2. 控制器参数的整定

根据控制系统的技术要求,以系统的静态、动态特性分析为基础,确定控制器的调节规律和相关参数。如果初步设计的控制方案不一定能够具有良好的控制效果,还需要对控制器参数进行调整,以达到最佳的控制要求。控制器参数的整定是优化系统的关键,是控制系统设计的重要环节。

3. 设备选型及相关工程内容的设计

根据已经确定的控制方案进行设备选型,要考虑到供货方的信誉,产品的质量、价格、可靠性、精度,供货方便程度,技术支持,维护等因素,并绘制相关的图表。相关工程内容的设计包括控制室设计、供电和供气系统设计、仪表配管和配线设计、连锁保护系统设计等,并提供相关的图表。

3.2 简单控制系统设计

一、被控变量的选择

控制系统设计中被控变量的选择十分重要,对于任何一个控制系统,被控变量的选择决定了控制系统在稳定生产操作、增加产品质量和产量、保证生产安全及改善劳动条件等方面是否能够达到控制目标。如果被控变量选择不当,配备再好的自动化仪表,使用再复杂、先进的控制系统也是无用的,都不能达到预期的控制效果。

影响一个具体的生产过程正常操作的因素往往有多个,但并非所有的影响因素都要加以自动控制。所以,设计人员必须深入实际,调查研究,分析工艺,从生产过程对控制系统的要求出发,找出影响生产的关键变量作为被控变量。

1. 被控变量的选择方法

被控变量应是能够表征生产过程的关键状态变量,它们对产品的产量或质量及安全具有决定性作用,而人工操作又难以满足要求或紧张又频繁、劳动强度很大,客观上要求实现自动控制。根据被控变量与生产过程的关系,可将其分为两种类型的控制形式:直接参数控制与间接参数控制。

(1) 选择直接参数作为被控变量,能直接反映生产过程中产品的产量和质量、安全运行,且便于测量的参数称为直接参数。此类控制系统的被控变量往往是直观体现的,如以温度、压力、流量、液位等参数为操作目标的生产过程,被控变量即为温度、压力、流量、液位。前面章节中所介绍过的锅炉汽包水位控制系统和蒸汽换热器出口温度控制系统,就是用直接参数法选被控变量。

(2) 选择间接参数作为被控变量。当直接参数无法检测或不能及时反映产品质量,不如选用与直接质量指标具有单值对应关系且反应又快的另一变量作为被控变量,这种方法称为间接参数法。如精馏塔,利用混合物中各组成分具有不同的挥发度,将液相中的不同成分物质实现分离。选择精馏塔顶馏出物或塔底残液的浓度作为被控变量,能够直接反映产品质量情况。但是,目前对成分直接测量尚有一定困难,选择塔顶或塔底温度代替浓度作为被控变量,这就是间接参数。必须注意的是,所选用的间接指标必须与直接指标有单值的对应关系,并且还需具有足够大的灵敏度,即随着产品质量的变化,间接指标必须有足够大的变化。

2. 被控变量的选择原则

不管是选择直接参数还是间接参数作为被控变量,都应在深入了解生产工艺、控制目标的基础上慎重选取。在过程工业装置中,为了实现预期的工艺目标,往往有许多个工艺变量或参数可以被选择作为被控变量,以工艺人员为主,以自控人员为辅,因为对控制的要求是从工艺角度提出的。从多个变量中选择被控变量应遵循下列原则:

(1) 选择能够代表一定的工艺操作指标或能反映工艺操作状态、可以直接测量的工艺参数作为被控变量。

（2）尽量选择能直接反映生产过程中产品的产量和质量、安全运行便于测量的直接参数作为被控变量。当直接参数无法检测或不能及时反映产品质量时，选用与直接质量指标具有单值对应关系而灵敏度满足要求的间接参数作为被控变量。

（3）选择被控变量时，必须考虑工艺合理性和国内外仪表产品的现状。

二、控制变量的选择

确定被控变量之后，还需要选择一个合适的控制变量，用来克服或补偿干扰对被控变量的影响，使被控变量迅速返回设定值，实现控制作用。控制变量一般选系统中可以调整的物料量或能量参数，最常见的控制变量是介质的流量。

对于图3.3所示的多输入、单输出系统来说，控制变量的选择，对控制系统的控制精度有很大的影响。为此，要从工艺上认真分析生产过程中影响被控变量的各项因素，在诸多影响被控变量的输入中，选择一个对被控变量影响显著而且可控性好的输入变量作为控制变量，而其他未被选中的所有输入量则统视为系统的扰动，如图3.4所示。

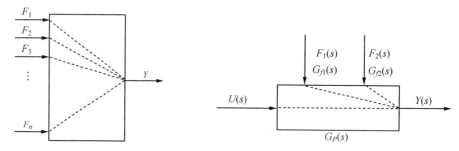

图3.3　多输入、单输出对象示意图　　图3.4　对象输入、输出关系图

控制变量和扰动均为被控对象的输入变量，因此，可将被控对象看成是一个多输入、单输出的环节（图3.3），用数学形式表达出来为

$$Y(s)=G_P(s)U(s)+G_{f1}(s)F_1(s)+G_{f2}(s)F_2(s) \tag{3.1}$$

式中，$U(s)$为控制变量；$F_1(s)$、$F_2(s)$（假定有两个）为扰动；$G_P(s)$为被控对象控制通道的传递函数；$G_{f1}(s)$、$G_{f2}(s)$为扰动通道的传递函数。

控制作用$U(s)$通过控制通道$G_P(s)$影响被控变量$Y(s)$；扰动作用$F_1(s)$、$F_2(s)$通过扰动通道$G_{f1}(s)$、$G_{f2}(s)$影响被控变量$Y(s)$。从式（3.1）可以看出，扰动作用与控制作用同时影响被控变量。在控制系统中，控制变量与扰动的作用通过控制器正、反作用方式的选择，使得两种作用对被控变量的影响方向相反。即当扰动作用使被控变量发生变化而偏离设定值时，控制作用抑制扰动的影响，使被控变量重新回到设定值。因此，在一个控制系统中，扰动作用与控制作用是相互对立而又相互依存的，有扰动就需要控制，没有扰动也就无须控制。

在诸多影响被控变量的输入中，如何选择最佳的输入变量作为控制变量，就要仔细研究被控对象的工作特性以及各种输入量作用在系统上的输出特性。下面以工业生产过程中最为多见的自衡非振荡过程为例进行分析。描述自衡非振荡过程的特性参数有放大系数K、

时间常数 T 和滞后时间 τ。

(一) 扰动通道特性对控制质量的影响

1. 放大系数 K_f 的影响

在控制变量 $u(t)$ 不变的情况下,过程受到幅度为 Δf 的阶跃扰动作用,过程从原有稳定状态达到新的稳定状态时,被控变量的变化量 $\Delta y(\infty)$ 或被控变量的测量值 $\Delta z(\infty)$ 与扰动幅度 Δf 之比,称为扰动通道的放大系数 K_f,即

$$K_f = \frac{\Delta y(\infty)}{\Delta f} = \frac{y(\infty) - y(0)}{\Delta f} = \frac{z(\infty) - z(0)}{\Delta f} \tag{3.2}$$

扰动通道的放大系数 K_f 影响着扰动加在系统上的幅值。若调节系统是有差系统(如比例控制),则扰动通道放大系数愈大,控制系统的静差也愈大。所以,希望干扰通道放大系数越小越好,可以使控制系统精度得到提高。

前面曾经提到,一个控制系统存在着多种扰动。从静态角度看,应该着重注意的是出现次数频繁且 $K_f \Delta f$ 较大的扰动,这是分析主要扰动的一大依据。如果 K_f 较小,即使扰动量很大,对被控变量仍然不会产生很大的影响;反之,倘若 K_f 很大,扰动很小,效应也不强烈。因此,在对系统进行分析时,应该着重考虑 $K_f \Delta f$ 大的严重扰动,必要时应设法消除这种扰动,以保证控制系统达到预期的控制指标。

2. 时间常数 T 的影响

扰动通道的传递函数一般为

$$G_f(s) = \frac{K_f}{(T_{f1}s+1)(T_{f2}s+1)\cdots(T_{fm}s+1)} \tag{3.3}$$

式中,T_f 为扰动通道的时间常数,m 为过程扰动通道的阶数。

扰动通道时间常数 T_f 影响扰动作用于系统的快慢,如果扰动通道是一阶惯性环节,其时间常数为 T_f,则阶跃扰动通过惯性环节后,对过程输出的影响将被减缓,调节器的补偿作用相对变得更加及时,因而由扰动引起的过渡过程动态分量的幅值就会减小。因此,由扰动引起的最大偏差会随着 T_f 的增大而减小,从而可改善调节质量。同理,如果干扰通道增加为两个惯性环节,其时间常数分别为 T_{f1}、T_{f2},则扰动的动态分量经过两级滤波将更大地衰减,使调节质量得到进一步的改善。

由上述分析可得出如下结论:扰动通道的时间常数越大,阶数越多,或者说扰动进入系统的位置越远离被控变量而靠近控制阀,扰动对被控变量的影响就越小,系统的质量就越高,这种过程比较容易控制。

3. 纯延迟 τ_f 的影响

在上面分析扰动通道的时间常数对被控变量的影响时,没有考虑到扰动通道具有纯延迟的问题。设无纯延迟扰动通道的传递函数为

$$G_f(s) = \frac{K_f}{T_f s + 1} \tag{3.4}$$

如果考虑扰动通道有纯延迟,则其传递函数要写成:

$$G'_f(s) = \frac{K_f e^{-\tau_f s}}{T_f s + 1} = G_f(s) e^{-\tau_f s} \tag{3.5}$$

这里，$G_f(s)$ 为扰动通道传递函数中不包含纯滞后的那一部分。

对于有纯滞后的情况：

$$Y_\tau(s) = \frac{G_f(s) e^{-\tau_f s}}{1 + G_c(s) G_0(s)} F(s) \tag{3.6}$$

对式(3.6)进行反拉氏变换，也可求得在扰动作用下的过渡过程 $y_\tau(t)$、$y(t)$ 之间的关系为

$$y_\tau(t) = y(t - \tau_f) \tag{3.7}$$

式(3.7)表明，$y_\tau(t)$ 与 $y(t)$ 是两条完全相同的变化曲线。即干扰对被控变量的影响推迟了时间 τ_f，因而，控制作用也推迟了时间 τ_f，使整个过渡过程曲线推迟了时间 τ_f。这就是说，扰动通道有、无纯滞后对系统的控制质量没有影响。如果扰动通道存在容量滞后，则将使阶跃扰动对被控变量的影响趋于缓和，因而对系统是有利的。

由以上分析可以得出如下结论：扰动通道的放大系数 K_f 越小越好，这样可使静差减小，控制精度提高；扰动通道的时间常数 T_f 的增加，可以使最大动态偏差减小，这也是我们所希望的；而扰动通道存在纯延迟 τ_f，对调节质量没有影响。

（二）控制通道特性对控制质量的影响

1. 时间常数 T_0 的影响

如图 3.5 所示的系统中，设 $G_c(s) = K_c$，$G_0(s) = \frac{K_0}{T_0 s + 1}$（被控过程延迟 $\tau_0 = 0$），则系统开环传递函数为

$$G_k(s) = G_c(s) G_0(s) = \frac{K_c K_0}{T_0 s + 1} \tag{3.8}$$

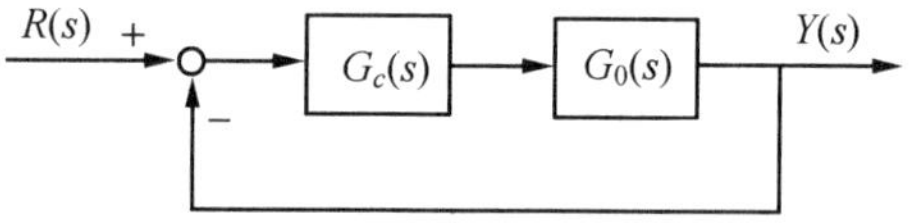

图 3.5 简单反馈系统

其幅频特性为

$$A_k(s) = |G_k(j\omega)| = \frac{K_c K_0}{\sqrt{(T_0 \omega)^2 + 1}} \tag{3.9}$$

转折频率 $\omega = \frac{1}{T_0}$，若 T_0 增大，将会导致系统的工作频率降低。而系统的工作频率越低，则控制速度越慢。这就是说，控制通道的时间常数 T_0 越大，系统的工作频率越低，控制速度越慢。这样就不能及时地抑制扰动的影响，因而，系统的质量会越差。

上面仅对具有一个时间常数的对象进行了分析。当控制通道的时间常数增多时（即容量数增多），将会得到与之相类似的结果。这里就不再证明了。

综上所述，系统控制通道的时间常数反映了控制作用的强弱，反映了控制器的校正作用抑制扰动对被控量影响的快慢。系统控制通道的时间常数越大，经过的惯性环节越多（阶数

越高),系统的工作频率将越低,控制越不及时,过渡过程时间也越长,系统的质量越差。随着控制通道时间常数的减小,系统的工作频率会提高,控制就较为及时,过渡过程也会缩短,控制质量将获得提高,但容易引起系统振荡,反而会使系统的稳定性下降,系统质量变差。在实际的系统设计中,要求控制通道时间常数 T_0 适当小一点,具体情况需根据实际情况。

2. 纯滞后 τ_0 的影响

控制通道纯滞后对控制质量的影响如图3.6所示。

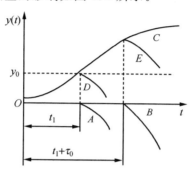

图3.6 纯滞后影响示意图

图中曲线 C 表示没有控制作用时被控变量在扰动作用下的变化曲线;A 和 B 分别表示无纯滞后和有纯滞后时控制变量对被控变量的校正作用;D 和 E 分别表示在无纯滞后和有纯滞后情况下被控变量在扰动作用与校正作用同时作用时的变化曲线。

图中 y_0 为变送器的不灵敏区。当无纯滞后时,扰动在 t_1 时间之后使控制器立刻有信号输出去控制调节阀,产生沿着曲线 A 变化的控制作用,使被控变量在控制作用下沿着曲线 D 变化。当存在纯延迟 τ_0 时,控制作用将沿曲线 B 进行,而被控变量将沿着曲线 E 变化。由此可见,由于纯滞后的存在,最大偏差将显著增大,控制时间也延长,控制质量将全面恶化。控制通道纯滞后越大,这一现象也越显著,控制质量也就越坏。

由此得出结论:控制通道的纯滞后对控制质量是有害的,纯滞后越大,控制质量越差。因此在制订控制方案时,应尽量减小控制通道的纯滞后时间。

τ_0 的产生有两个方面的原因:一是来自测量变送方面,二是被控对象本身存在纯滞后。无论是由于哪一方面的原因造成的纯滞后,τ_0 的存在总是不利于控制的。测量方面存在纯滞后,将使控制器无法及时发现被控变量的变化情况;被控对象存在纯滞后,会使控制作用不能及时产生效应。

由上面的分析可以看出,控制通道纯滞后的存在不仅使系统控制不及时,使动态偏差增大,而且还会使系统的稳定性降低。因此,控制通道存在纯滞后是系统的大敌,会严重降低控制质量。

在设计和确定控制方案时,设法减小纯滞后时间 τ_0 是必要的。例如,合理选择被控变量检测点的位置、缩短信号传输距离、提高信号传输速率等都属于常用方法。

通过上述分析,可总结出设计简单回路控制系统时,控制变量的选取应遵循下列原则:

(1) 所选的控制变量必须是可控的(即工艺上允许调节的变量),而且在控制过程中该变量变化的极限范围也是生产允许的。若系统被控过程有多个输入变量,应选择影响最大的作为控制变量。

(2) 控制通道的放大系数 K_0 要适当大一些;时间常数 T_0 适当小些;有纯延迟环节的情况下,纯延迟时间 τ_0 应尽量小,τ_0 和 T_0 之比应小于1,比值过大不利于控制。

(3) 扰动通道的放大系数 K_f 应尽可能小;扰动通道的时间常数 T_f 的增加,可以使最大动态偏差减小;而扰动通道存在纯延迟 τ_f,对调节质量没有影响;所选的控制变量应尽量使扰动作用点远离被控变量而靠近控制阀。扰动通道的放大系数 K 希望越小越好,这样可使静差减小,控制精度提高。

3.3 执行器的选择

在过程控制系统的设计中,执行器在控制系统中起着极为重要的作用,控制系统的控制性能指标与执行器的性能和正确选用有着十分密切的关系。执行器接受控制器输出的控制信号,实现对控制变量的改变,从而使被控变量向设定值靠拢。最常用的执行器是控制阀,也称调节阀。控制阀安装在生产现场,直接与工艺介质接触,通常在高温、高压、高黏度、强腐蚀、易渗透、易结晶、易燃易爆、剧毒等场合下工作。如果选择不当或者维修不妥,就会使整个系统无法正常运转。经验表明,虽然控制系统中有多个环节,但使系统不能正常运行的原因多数发生在控制阀上,所以对控制阀这个环节必须高度重视。

一、控制阀的流通能力

控制阀是一个局部阻力可变的节流元件,流过控制阀的流量不仅与阀的开度即流通面积有关,而且还与阀门前后的压差有关。为了衡量不同控制阀在特定条件下单位时间内流过流体的体积,引入调节阀流通能力(常记作 C)的概念。

流体的体积流量为

$$q_v = \frac{A}{\sqrt{\xi}} \sqrt{\frac{2\Delta P}{\rho}} \tag{3.10}$$

式中:ρ 为流体密度;ξ 为调节阀的阻力系数,与阀门的结构形式及开度有关;A 为调节阀连接管的截面积;ΔP 为压差。若 ρ 的单位取 kg/m^3,A 的单位取 cm^2,ΔP 的单位取 kPa,流体密度的单位取 kg/m^3,q_v 的单位取 m^3/h,则式(3.10)可写成数值表达式:

$$q_v = 1.61 \frac{A}{\sqrt{\xi}} \sqrt{\frac{\Delta P}{\rho}} \tag{3.11}$$

由式(3.11)可以看出,通过控制阀的流体流量除与阀两端的压差及流体种类有关外,还与阀门口径及阀芯阀座的形状等因素有关。当压差、密度不变时,阻力系数减小,则流量增大;反之,阻力系数增大,则流量减小。控制阀就是通过改变阀芯行程来改变阻力系数,从而达到调节流量的目的。

所谓调节阀的流通能力 C，是指调节阀两端压力差为 100 kPa、流体密度为 1000 kg/m³、调节阀全开时，每小时流过阀门的流体体积。根据上述定义，可知

$$C = 5.09 \frac{A}{\sqrt{\xi}} \tag{3.12}$$

那么，式(3.11)变换为

$$q_v = C\sqrt{\frac{10\Delta P}{\rho}} \tag{3.13}$$

式(3.13)可直接用于液体的流量计算，也可在已知压差 ΔP、液体密度 ρ 及需要的最大流量 $q_{v\max}$ 的情况下，确定调节阀的流通能力 C，从而可进一步选择阀门的口径及结构形式。但当流体是气体、蒸汽或二相流时，以上计算公式必须进行相应的修正。

设控制阀的公称直径为 D_g，控制阀连接管的截面积 $A = \frac{\pi}{4}D_g^2$，则

$$C = 4.0 \frac{D_g^2}{\sqrt{\xi}} \tag{3.14}$$

流通能力 C 的大小与流体的种类、性质、工况及阀芯、阀座的结构和尺寸等许多因素有关。而阻力系数 ξ 在一定条件下是一个常数。因而，根据流通能力 C 的值就可以确定公称直径 D_g，即可确定阀的几何尺寸。因此，流通能力 C 是反映调节阀口径大小的一个重要参数。

【例 3.1】 某调节阀的流通能力 $C = 100$。当阀前后压差为 1.2 MPa，流体密度为 0.8 kg/m³ 时，问所能通过的最大流量是多少？如果压差变为 0.2 MPa，那么所能通过的最大流量为多少？

解 由流体的体积流量公式(3.13)可得

$$q_v = C\sqrt{\frac{10\Delta P}{\rho}} = 100 \times \sqrt{\frac{10 \times 1\,200}{0.81 \times 10^3}} = 384.9 (\text{m}^3/\text{h})$$

当压差变为 0.2 MPa 时，

$$q_v = C\sqrt{\frac{10\Delta P}{\rho}} = 100 \times \sqrt{\frac{10 \times 200}{0.81 \times 10^3}} = 157.15 (\text{m}^3/\text{h})$$

可见，对于同一口径的控制阀，提高控制阀两端的压差可使阀所能通过的最大流量增加，也就是说，在工艺要求的最大流量已经确定的情况下，增加阀两端的压差可减小所选阀的尺寸，以节省投资。

二、控制阀的流量特性

控制阀的流量特性，是指流体通过阀门的相对流量与阀门相对开度之间的关系，即

$$\frac{q_v}{q_{v\max}} = f\left(\frac{l}{L}\right) \tag{3.15}$$

式中：$q_v/q_{v\max}$ 为相对流量，是指控制阀在某一开度下的流量与最大流量的比值；l/L 为相对开度，即控制阀在某一开度下的行程与全行程之比。

1. 控制阀理想流量特性

在控制阀前后压差固定不变的情况下，得出的阀芯位移与流量之间的关系特性称为固

有流量特性,也称为理想流量特性。一般理想流量特性是由阀芯的形状确定的。如图 3.7 所示的四种阀芯,分别对应四种典型的理想流量特性:直线、对数、快开和抛物线四种流量特性。如图 3.8 所示的是它们的流量特性曲线。表 3.1 列出了曲线中以 l/L 为变量,间隔为 10% 对应的 $q_v/q_{v\max}$ 数值。

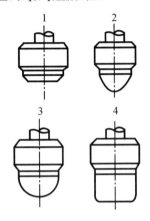

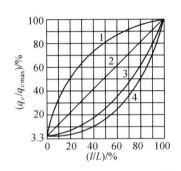

1—快开流量特性;2—直线流量特性;
3—抛物线流量特性;4—对数流量特性

图 3.7　控制阀的阀芯形状　　图 3.8　控制阀的四种理想流量特性曲线

表 3.1　控制阀的相对开度与相对流量(可调比 $R=30$)

相对流量 $(q_v/q_{v\max})$/%	相对开度 (l/L)/%										
	0	10	20	30	40	50	60	70	80	90	100
直线流量特性	3.3	13.0	22.7	32.3	42.0	51.7	61.3	71.0	80.6	90.3	100
对数流量特性	3.3	4.67	6.58	9.26	13.0	18.3	25.6	36.2	50.8	71.2	100
快开流量特性	3.3	21.7	38.1	52.6	65.2	75.8	84.5	91.3	96.13	99.03	100
抛物线流量特性	3.3	7.3	12	18	26	35	45	57	70	84	100

(1) 直线流量特性

直线流量特性是指控制阀的相对开度与相对流量间成直线关系,其数学表达式为

$$\frac{\mathrm{d}(q_v/q_{v\max})}{\mathrm{d}(l/L)}=K \tag{3.16}$$

式中,K 为控制阀的放大系数。

$$R=\frac{q_{v\max}}{q_{v\min}} \tag{3.17}$$

式中,R 为阀门特性参数,称为控制阀的可调范围(或称可调比),通常取值为 20~50;$q_{v\min}$ 为控制阀的最小流量;$q_{v\max}$ 为控制阀的最大流量。

阀门放大系数 K 在全行程范围内为一定值。从图 3.8 可知,当控制阀相对开度 l/L 变化 10% 引起的流量变化总是 10%。而实际上对于控制作用有意义的是流量相对变化值($q_v/q_{v\max}$ 的变化量 β)。可以在图上任意取三点数值,如以阀相对开度 l/L 分别在 10%、50% 和 80% 时变化 10% 所引起的流量相对变化值为例进行说明,由表 3.1 查得数据,作如下计算。

当相对开度 l/L 从 10% 变化到 20% 时，$\beta_1 = \dfrac{22.7-13}{13} \times 100\% \approx 75\%$。

当相对开度 l/L 从 50% 变化到 60% 时，$\beta_2 = \dfrac{61.3-51.7}{51.7} \times 100\% \approx 19\%$。

当相对开度 l/L 从 80% 变化到 90% 时，$\beta_3 = \dfrac{90.3-80.6}{80.6} \times 100\% \approx 12\%$。

从上述计算结果可见，直线流量特性的控制阀在小开度时，其相对流量变化大，控制作用太强，易引起超调，产生振荡；而在大开度工作时，其相对流量的变化小，控制作用太弱，会造成控制作用不够及时。因此在使用直线流量特性的控制阀时，应尽量避免控制阀工作在此区域内。

（2）对数（等百分比）流量特性

等百分比流量特性是指单位相对位移变化所引起的相对流量变化与该点的相对流量成正比。数学表达式为

$$\frac{\mathrm{d}(q_v/q_{\max})}{\mathrm{d}(l/L)} = K\left(\frac{q_v}{q_{\max}}\right) \tag{3.18}$$

式中，K 为常数。

控制阀放大系数与流过控制阀介质流量 q_v 成正比。

为了与直线流量特性的控制阀相比较，同样由表 3.1 取三点数值，如以 10%、50% 和 80% 为例说明。

当相对开度 l/L 从 10% 变化到 20% 时，$\beta_1 = \dfrac{6.58-4.67}{4.67} \times 100\% \approx 40\%$。

当相对开度 l/L 从 50% 变化到 60% 时，$\beta_2 = \dfrac{25.6-18.3}{18.3} \times 100\% \approx 40\%$。

当相对开度 l/L 从 80% 变化到 90% 时，$\beta_3 = \dfrac{71.2-50.8}{50.8} \times 100\% \approx 40\%$。

从上述计算结果可见，对数流量特性的控制阀相对开度变化时引起的 $q_v/q_{v\max}$ 的变化量 β 总是相等的。根据这一特性，习惯上又称对数流量特性为等百分比流量特性。等百分比流量特性控制阀相对流量和相对行程的关系是非线性的，相对开度较小时，流量变化较小；在相对开度较大时，流量变化较大。因此，在全行程范围内相对流量的百分比变化率相同。所以控制过程平稳，适用范围较广。

控制阀的静态放大系数随行程的增加而增加，这对某些随负荷增加、放大系数变小的对象来讲，能在一定程度上起补偿作用。

（3）快开流量特性

快开流量特性是指单位相对位移的变化所引起的相对流量变化与该点相对流量值的倒数成正比关系。数学表达式为

$$\frac{\mathrm{d}(q_v/q_{v\max})}{\mathrm{d}(l/L)} = K\left(\frac{q}{q_{v\max}}\right)^{-1} \tag{3.19}$$

式中，K 为常数。

流量特性如图3.8中曲线1所示。控制阀在小开度时流量已经很大。随着行程的增加,流量迅速接近最大值,接近全开状态,因而称为快开阀。具有快开特性的阀芯形状是平板形的,其有效位移很小。所以这种流量特性主要适用于两位式开关控制的程序控制系统中。

（4）抛物线流量特性

抛物线流量特性是指单位相对位移变化所引起的相对流量变化与该点相对流量值的平方根成正比。数学表达式为

$$\frac{d(q_v/q_{v\max})}{d(l/L)} = K\left(\frac{q}{q_{v\max}}\right)^{1/2} \tag{3.20}$$

式中,K 为常数。

流量特性曲线如图3.8中曲线3所示,介于线性控制阀和等百分比控制阀之间。这种流量特性主要用于三通控制阀及其他特殊场合。

四种控制阀的阀芯形状如图3.7所示。可见,快开式控制阀为平板结构,直线流量特性控制阀和等百分比流量特性控制阀都为曲面形状,直线流量特性控制阀阀芯曲面形状较瘦,等百分比阀芯曲面形状较胖。因此,当被控介质占有固体悬浮物,容易造成磨损,影响控制阀的使用寿命时,宜选择直线流量特性控制阀。

2. 控制阀工作流量特性

在实际生产中,与控制阀一起串联着的设备、阀门、管道等,都是阻力元件。因此当流量变化时控制阀两端的压差是变化的。在这种情况下,控制阀的相对开度和相对流量之间的关系,称为工作流量特性。为了表明工艺配管对控制阀流量特性的影响,定义一个称为阻力比的系数 s,其意义是控制阀全开时阀门上的压力降与包括控制阀在内的整个管路系统的压力降的比值。

$$s = \frac{(p_1 - p_2)_{全开}}{p_1 - p_3} = \frac{\Delta p_{阀全开}}{\Delta p_{总}} \tag{3.21}$$

式中,$\Delta p_{阀全开}$——控制阀全开时阀上的压力降;$\Delta p_{总}$——包括控制阀在内的全部管路系统总的压力降。

系数 $s=1.0$,管道阻力损失为零,系统的总压力降全部降落在控制阀的两端,则控制阀的工作流量特性就是理想流量特性。随着 s 值下降,管道阻力损失随之增加,不仅控制阀全开时的流量减小,而且理想流量特性发生畸变。串联管道时控制阀的工作流量特性如图3.9所示。

由图3.9可见,工作流量特性曲线和 s 值有关。直线流量控制阀畸变为快开特性控制阀,且 s 值越小,畸变程度越严重;等百分比流量控制阀畸变为直线流量控制阀,严重影响自动控制系统质量。因此,在实际使用中,希望 s 值大些为好;但 s 值过大,则增加了能量损失,不利于节能。

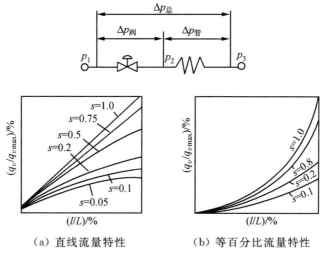

(a) 直线流量特性　　　(b) 等百分比流量特性

图 3.9　串联管道时控制阀的工作流量特性

三、控制阀的选择

控制阀与工艺介质直接接触，工作条件比较恶劣，在工程设计中主要从以下几个方面加以选择。

1. 控制阀的结构形式的选择

例如，在高温或者低温介质时，要选用高温或低温控制阀；在高压差时选用角形控制阀；在大口径、大流量、低压差，而泄漏量要求不高时，选用蝶阀，并配用角行程执行机构；在控制强腐蚀性或易结晶介质时，选用隔膜控制阀；在分流或合流控制时，选用三通控制阀等。

2. 控制阀公称直径的选择

控制阀的机械尺寸是以公称直径 D_N 来表示的，它和工艺管道的公称直径不是一回事。应根据工艺生产过程所提供的常用流量或者最大流量，以及控制阀在工作时两端的压差，正常流量下的压差或者最大流量下的最小压差，通过控制阀流量系数 C 的计算，经过圆整后，从控制阀产品手册中查取流量系数 $C100$，进而得到控制阀的公称直径。如果直接套用工艺管道的机械尺寸，将使控制系统正常运行时控制质量变坏，甚至不能正常运行。

3. 控制阀的公称压力 P_N

一般分为 1.6 MPa、4.0 MPa、6.4 MPa、16.0 MPa 和大于 16.0 MPa 几种等级，它应和工艺管道的压力等级相同。如果选择趋于保守，将造成投资急剧增加，控制阀十分笨重，对安装维护不利。

4. 控制阀气开、气关的选择

气开阀是指当输入气压信号 $p>0.02$ MPa 时，控制阀开始打开，也就是说"有气"时阀打开。当输入气压信号 $p=0.1$ MPa 时，控制阀全开。当气压信号消失或等于 0.02 MPa 时，控制阀处于全关闭状态。

气关阀是指当输入气压信号 $p>0.02$ MPa 时，控制阀开始关闭，也就是说"有气"时阀关闭。当 $p=0.1$ MPa 时，控制阀全关。当气压信号消失或等于 0.02 MPa 时，控制阀处于全开状态。由于执行机构有正、反两种作用形式,控制阀也有正装和反装两种形式。因此,实现控制阀气开、气关有四种组合,如图3.10所示。

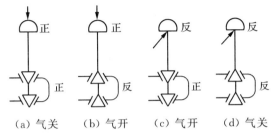

图 3.10 气开、气关阀示意图

气开、气关的选择主要从生产安全角度考虑。当工厂发生断电或其他事故引起气压信号中断时,调节阀的开闭状态应保证被控生产装置不会损坏或伤害操作人员。例如,若无气源时,希望阀全关,则应选择气开阀,如加热炉燃气调节阀;若无气源时,希望阀全开,则应选择气关阀,如加热炉进风蝶阀。

5. 控制阀流量特性的选择

(1) 从控制系统的控制质量分析

从控制原理来看,要保持一个控制系统在整个工作范围内都具有较好的品质,就应使系统在整个工作范围内的总放大倍数尽可能保持恒定。通常,变送器、控制器和执行机构的放大倍数是常数,但控制对象的特性往往是非线性的,其放大倍数随工作点变化。因此选择控制阀时,希望以控制阀的非线性补偿控制对象的非线性。例如,在实际生产中,很多对象的放大倍数是随负荷加大而减小的,这时如能选用放大倍数随负荷加大而增加的控制阀,便能使两者互相补偿,从而保证整个工作范围内都有较好的调节质量。由于对数阀具有这种类型的特性,因而得到了广泛的应用。

若调节对象的特征是线性的,则应选用具有直线流量特征的阀,以保证系统总放大倍数保持恒定。至于快开特性的阀,由于小开度时放大倍数高,容易使系统振荡,大开度时调节不灵敏,在连续调节系统中很少使用,一般只用于两位式调节的场合。

(2) 从工艺配管情况考虑

在控制工程设计中,要解决理想特性的选型,也要考虑 s 值的选取问题。

当 $s=0.6\sim1.0$ 时,理想流量特性与工作流量特性几乎相同;当 $s=0.3\sim0.6$ 时,调节阀工作流量特性无论是线性的还是对数的,均应选择对数的理想流量特性;当 $s<0.3$ 时,一般已不宜用于自动控制。

(3) 从负荷变化情况分析

从负荷变化情况看,对数特性调节阀的放大系数是变化的,因此能适用于负荷变化的场合,也能适用于调节阀经常工作在小开度的情况,即选用对数调节阀具有比较广泛的适应性。

需要补充说明的是,选择好调节阀的流量特性,就可以根据其流量特性确定阀门阀芯的形状和结构,但对于像隔膜阀、蝶阀等,由于它们的结构特点,不可能用改变阀芯的曲面形状来达到所需要的流量特性,这时,也可通过改变所配阀门定位器的反馈凸轮外形来实现。

6. 阀门定位器的应用

电-气阀门定位器是气动执行器的一种重要辅助装置,通常与气动执行机构配套使用,安装在控制阀的支架上。如图 3.11 所示,它直接接收控制器输出的电信号,并产生与之成比例的气压信号,推动阀杆带动阀芯动作,从而达到控制阀门开度的目的。

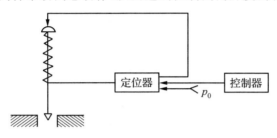

图 3.11 定位器与控制器连接示意图

电-气阀门定位器具有以下主要功能:

① 将输入的标准电信号(4～20 mA)成比例地转换成气压信号(0.02～0.1 MPa)。电-气阀门定位器需要压缩空气(0.14 MPa)作为工作气源。

② 可用来改善控制阀的定位精度。电-气阀门定位器能以较大功率克服杠杆的摩擦和消除介质不平衡力等影响,使控制阀能够按照控制器的输出准确定位。

③ 可以改善阀门的动态特性。它可以减小控制信号的传送滞后,加快执行机构的执行速度,尽快克服扰动或负荷的变化,减小控制系统的超调量。

④ 可以改变阀门的动作方向。通过改变电-气阀门定位器中凸轮的转动方向,可以方便地将气开式阀门改为气关式阀门。

⑤ 通过改变电-气阀门定位器中凸轮的几何形状来改变控制阀的流量特性,即可使控制阀的直线流量特性、对数流量特性互换使用。

⑥ 可用于分程控制。利用安装在不同控制阀上的电-气阀门定位器,实现用一个控制器控制两个或两个以上的控制阀,使每个控制阀在控制器输出信号的不同范围内作全行程移动,从而实现分程控制。关于分程控制系统,下一章将详细介绍其工作原理。

控制阀除了电-气阀门定位器是重要的辅助装置之外,还有手轮机构和空气过滤减压器等。手轮机构一般用于控制系统的故障状态,如停电、气源中断、控制器无输出或执行机构失灵等情况,此时可用手轮机构直接操作控制阀,维持生产正常进行。空气过滤减压器安装在供气管路上,用于为控制阀提供清洁和标准的压缩空气。

3.4 测量变送环节的选择

测量变送环节的作用是将工业生产过程中的参数(流量、压力、温度、物位、成分等)经检测、变送单元转换为标准信号。在模拟仪表中,标准信号通常采用4～20 mA DC、1～5 V DC、0～10 mA DC 的电压电流信号,或 20～100 kPa 的气压信号;在现场总线仪表中,标准信号是数字信号。如图 3.12 所示为测量变送环节的原理框图。

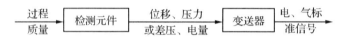

图 3.12　检测元件及变送器的原理框图

过程控制中检测元件和变送器的类型极为纷繁,现场总线仪表的出现使检测变送器呈现模拟和数字并存的状态。但对其做线性化处理后,从它们的输入-输出关系来看,都可近似表示为具有纯滞后的一阶环节特性,即

$$G_m(s) = \frac{K_m}{T_m s + 1} e^{-\tau_m s} \tag{3.22}$$

式中,K_m、T_m、τ_m 分别是检测变送器环节的放大系数、时间常数和纯滞后。

一、对测量变送环节的基本要求

对检测元件及变送器的基本要求是准确、迅速和可靠。准确,指检测元件和变送器能正确反映被控(或被测)变量,误差应小;迅速,指应能及时反映被控(或被测)变量的变化;可靠,是对检测元件和变送器的基本要求,指它应能在环节工况下长期稳定工作。为此要考虑如下三个主要问题。

1. 在所处环节条件下能否正常长期工作

由于检测元件直接与被测(或被控)介质接触,因此,在选择检测元件时应首先考虑该元件能否适应工业生产过程中的高(低)温、高压、腐蚀性、粉尘和爆炸性环境;能否长期稳定运行。在过程控制中,会遇到高温、低温、高压、腐蚀性等各种环境条件,需要在元件材质和防护措施上设法保证其长期安全的使用。例如,在高温条件下测温时,常采用铂铑-铂热电偶传感器;对于腐蚀性介质的液位与流量的测量,有的采用非接触测量方法,有的采用耐腐蚀的材质元件和隔离性介质;在易燃易爆的环境中,必须采用防爆型仪表等。

2. 误差是否不超过规定的界限

仪表的精确度影响测量变送环节的准确性,所以应以满足工艺检测和控制要求为原则,合理选择仪表的精确度。测量变送仪表的量程应满足读数误差的精确度要求,同时应尽量选用线性特性。出厂时的仪表精度等级,反映了仪表在校验条件下存在的最大百分误差的上限,如 0.5 级就表示最大百分误差不超过 0.5%。随着时间的推移,测量变送仪表的精度等级可能会逐渐变化,因此须定期校验。对仪表的精度等级应做恰当的选择,由于其他误差的存在,仪表本身的精确度不必要求过高,否则也没有意义。工业上一般取 0.5~1.0 级,物性及成分仪表可再放宽些。

3. 动态响应是否比较迅速

由于测量变送环节是广义对象的一部分,因此减小 τ_m 和 T_m 对提高控制系统的品质总是有益的。

相对于过程的时间常数 T_m,大多数测量变送环节的时间常数是较小的。但成分检测变送环节的时间常数和延迟会很大,温度检测元件的时间常数也较大;气动仪表的时间常数较电动仪表要大;采用带有保护套管的温度计检测温度要比直接与被测介质接触来检测温度有更大的时间常数。此外,应考虑时间常数随过程运行而变化的影响。例如,由于保护套管结垢而造成时间常数增大,或由于保护套管磨损而造成时间常数减小等。对测量变送环节时间常数的考虑,主要应根据检测变送、被控对象和执行器三者时间常数的匹配,即增大最大时间常数与次大时间常数之间的比值。

通常主要采取以下措施来减小测量变送环节的时间常数 T_m:合理选择检测点的位置;选用小惯性的检测元件;缩短气动管线长度,减小管径,以减小气动传输管线的气容和气阻;正确使用微分单元。当测量元件的时间常数较大时,在控制器中加入微分作用,使控制器在偏差产生的初期,根据偏差的变化趋势发出相应的控制信号。采用这种预先控制作用来克服测量滞后,就相当于 0 控制器有一个预测性能,如果应用适当,会大大改善控制质量。

测量变送环节的纯延迟 τ_m 主要是由测量元件的安装位置引起的。因此应从以下两方面采取措施来减小纯滞后:选择合适的检测点位置,减小传输距离;选用增压泵、抽气泵等装置,提高传输速度 v。

二、测量信号的处理

1. 测量信号校正

在检测某些过程参数时,测量值往往要受到其他一些参数的影响,为了保证其测量精度,必须要考虑信号的校正问题。

例如,发电厂过热蒸汽流量测量,通常用标准节流元件。在设计参数下运行时,这种节流装置的测量精度较高,当参数偏离给定值时,测量误差较大,其主要原因是蒸汽密度受压力和温度的影响较大。为此,必须对其测量信号进行压力和温度校正(补偿)。

2. 测量信号噪声(扰动)的抑制

在测量某些参数时,由于其物理或化学特点,常常产生具有随机波动特性的过程噪声。若测量变送器的阻尼较小,其噪声会叠加于测量信号之中,影响系统的控制质量,所以应考虑对其加以抑制。例如,测量流量时,常伴有噪声,故应引入阻尼器来加以抑制。

有些测量元件本身具有一定的阻尼作用,测量信号的噪声基本上被抑制,如用热电偶或热电阻测温时,由于其本身的惯性作用,测量信号无噪声。

3. 对测量信号进行线性化处理

在检测某些过程参数时,测量信号与被测参数之间成某种非线性关系。这种非线性特性,一般由测量元件所致。通常线性化问题在变送器内解决,或将测量信号送入数字调节器,通过数字运算来线性化。如热电偶测温时,热电动势与温度是非线性的,当配用相应分度的温度变送器时,其输出的测量信号就已线性化了,即变送器的输出电流与温度呈线性关系。因此,是否要进行线性化处理,要具体问题具体分析。

3.5 控制器的选择

控制器是控制系统的核心部件,它将安装在生产现场的测量变送装置送来的测量信号与设定值进行比较产生偏差,并按预先设置好的控制规律对该偏差进行运算,产生输出信号去控制执行器,从而实现对被控变量的控制。在控制系统中,当构成一个控制系统的被控对象、测量变送环节和控制阀都确定之后,控制器参数是决定控制系统控制质量的唯一因素。系统设置控制器的目的,也是通过它来改变整个控制系统的动态特性,以达到控制的目的。

控制器的选择主要包括控制规律的选择和正、反作用方式的选择。控制器的控制规律对系统的控制质量影响很大,在系统设计中应根据广义对象的特性和工艺控制要求选择相应的控制规律,以获得较高的控制质量;确定控制器的正、反作用方式,是为了使整个控制系统构成闭环负反馈,以满足控制系统的稳定性要求。

一、常用控制规律及特点

在简单控制系统中,PID控制由于它自身的优点,现在仍然是得到最广泛应用的基本控制方式。

目前工业上常用的PID控制器主要有四种控制规律:比例控制规律(P)、比例积分控制规律(PI)、比例微分控制规律(PD)和比例积分微分控制规律(PID)。

1. 比例控制规律(P)

比例控制是最基本的控制规律,其特点是控制作用简单,调整方便,且当负荷变化时,克服扰动能力强,控制作用及时,过渡过程时间短,但在过程终了时存在余差,且负荷变化越大,余差也越大。比例控制适用于控制通道滞后及时间常数均较小(低阶过程)、扰动幅度较小、负荷变化不大、控制质量要求不高、在一定范围内允许有余差的场合。如中间储槽的液位、压缩机贮气罐的压力控制等。

2. 比例积分控制规律(PI)

积分能消除余差,故在比例控制作用的基础上引入积分作用,在工程上比例积分控制规律是应用最广泛的一种控制规律。在反馈控制系统中,约有75%是采用PI作用的。加入积分作用后,虽然控制器的控制作用增强,但系统稳定性降低。因此,为了维持原有的稳定性,必须加大比例度(即削弱比例作用),这又会使控制质量有所下降,如最大偏差和振荡周期相应增大、过渡时间加长。比例积分控制适用于控制通道时滞较小、负荷变化不大、被控量不允许有余差的场合。例如,流量、快速压力控制和要求严格的液位控制系统常采用比例积分控制规律。

3. 比例微分控制规律(PD)

微分具有超前作用,对于具有容量时滞的控制通道,引入微分控制规律(微分时间设置得当)对于改善系统的动态性能指标有显著的效果。因此,对于控制通道的时间常数或容量时滞较大的场合,为了提高系统的稳定性、减小动态偏差等,可选用比例微分控制规律,如温度控制或成分控制。但对于纯时滞较大、测量信号有噪声或周期性扰动的系统,则不宜采用微分控制。

4. 比例积分微分控制规律(PID)

比例积分微分控制是一种较为理想的控制规律。在比例作用的基础上加上微分作用能提高系统的稳定性,再加入积分作用可以消除余差。所以适当调整比例积分微分控制器的参数,可以使控制系统获得较高的控制质量,适用于过程容量滞后较大、负荷变化大、控制质量要求较高的场合,如温度控制、成分控制等。而对于滞后很小或噪声严重的场合,应避免使用微分作用,否则会由于被控变量的快速变化引起控制作用的大幅度变化,严重时会导致控制系统不稳定。

应该强调的是,控制规律要根据过程特性和工艺要求来选取,绝不是说 PID 控制规律具有较好的控制性能,不分场合均可选用,如果这样,则会给其他工作增加复杂性,并带来参数整定的困难。当采用 PID 调节器还达不到工艺要求的控制品质时,则需要考虑其他的控制方案。

二、控制器正、反作用方式的选择

根据工业生产中过程被控参数的控制要求,选择相应的控制规律,以获得较高的控制质量。控制器有正、反两种作用方式,其确定的原则是使系统构成负反馈形式。控制器的正、反作用是关系到控制系统能否正常运行与安全操作的重要问题。

对于一个反馈控制系统来说,只有在负反馈的情况下,系统才是稳定的,当系统受到扰动时,其过渡过程将会是一个衰减过程;反之,如果系统是正反馈,那么系统是不稳定的,一旦遇到扰动作用,过渡过程将会发散,在工业过程控制中,这种情况是不希望发生的。

事先知道了过程对象、控制阀和测量变送装置放大倍数的正负,控制器正、反作用方式的选择是在控制阀的气开、气关形式确定之后进行的,组成系统的开环传递函数各环节的静态放大系数极性相乘必须为正,使整个单回路构成具有被控变量负反馈的闭环系统。

1. 系统中各环节正、反作用方向的规定

控制系统中各环节的作用方向(增益符号)是这样规定的:当该环节的输入信号增加时,若输出信号也随之增加,则该环节为正作用方向,该环节方框图表示中标"+";反之,当输入增加时,若输出减小,即输出与输入变化方向相反,则为负作用方向,该环节方框图表示中标"一"。

(1) 被控对象环节

被控对象的作用方向,随具体对象的不同而各不相同。当过程的输入(控制变量)增加时,若其输出(被控变量)也增加,则属于正作用,取"+"号;反之,则为负作用,取"一"号。

(2) 执行器环节

对于控制阀,其作用方向取决于是气开阀还是气关阀。当控制器输出信号(即控制阀的输入信号)增加时,气开阀的开度增加,因而流过控制阀的流体流量也增加,故气开阀是正方向的,取"＋"号;反之,当气关阀接收的信号增加时,流过控制阀的流量反而减少,所以是反方向的,取"－"号。控制阀的气开、气关作用形式应按其选择原则事先确定。

(3) 测量变送环节

对于测量元件及变送器,其作用方向一般都是"＋"的。因为当其输入量(被控变量)增加时,输出量(测量值)一般也是增加的,所以在考虑整个控制系统的作用方向时,可以不考虑测量元件及变送器的作用方向,只需要考虑控制器、执行器和被控对象三个环节的作用方向,使它们开环增益之积为负反馈的作用。

(4) 控制器环节

由于控制器的输出取决于被控变量的测量值与设定值之差,所以被控变量的测量值与设定值变化时,对输出的作用方向是相反的。对于控制器的作用方向是这样规定的:当设定值不变、被控变量的测量值增加时,控制器的输出也增加,称为"正作用",或者当测量值不变、设定值减小时,控制器的输出增加的称为"正作用",取"＋"号;反之,如果测量值增加(或设定值减小)时,控制器的输出减小的称为"反作用",取"－"号。这一规定与控制器生产厂的正、反作用规定完全一致。

2. 控制器正、反作用方式的确定方法

由前述可知,为保证整个控制系统构成负反馈的闭环系统,系统的开环放大倍数必须为负,对于包含控制器、执行器、被控对象和测量变送仪表四个环节的简单控制系统,这四个环节的开环增益之积需要为负,保证系统为负反馈的闭环系统,即

(控制器±)×(执行器±)×(被控对象±)×(测量变送仪表±)＝"－"

由于测量变送环节采用的仪表的增益一般为正,判别式也可以简化为

(控制器±)×(执行器±)×(被控对象±)＝"－"

例如,在锅炉汽包水位控制系统中,如图 3.13 所示,为了防止系统故障或气源中断时锅炉供水中断而烧干爆炸,控制阀应选气关式,符号为"－";当锅炉进水量(控制变量)增加时,液位(被控变量)上升,被控对象符号为"＋";根据选择判别式,控制器应选择正作用方式。即

(控制器?)×(执行器)×(被控对象＋)＝"－"⇒ 控制器取"＋"

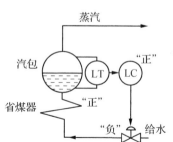

图 3.13 锅炉水位控制系统

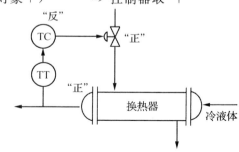

图 3.14 换热器出口温度控制系统

又如，换热器出口温度控制系统，如图3.14所示，为避免换热器因温度过高或温差过大而损坏，当控制变量为载热体流量时，控制阀选择气开式，符号为"＋"；在被加热物料流量稳定的情况下，当载热体流量增加时，物料的出口温度升高，被控对象符号为"＋"。则控制器应选择反作用方式。即

(控制器?)×(执行器＋)×(被控对象＋)＝"－"⇒ 控制器取"－"

3.6 简单控制系统的投运和整定

简单控制系统方案设计、设备选型、安装调校完成后，即可按要求进行系统的投运与控制器参数的整定。

一、控制系统的投运

所谓控制系统的投运，就是当系统设计、安装完毕，或者经过停车检修之后，使控制系统投入使用的过程。由于在工业生产中普遍存在高温、高压、易燃、易爆、有毒等工艺场合，所以在这些地方投运控制系统，要求操作人员在控制系统投运之前必须对构成系统的各种仪表设备、连接管线、供电、供气情况等进行全面检查。

1．投入运行前的准备工作

投运前首先应熟悉工艺过程，了解主要工艺流程和对控制指标的要求，以及各种工艺参数之间的关系，熟悉控制方案及现场设备安装情况。投运前的主要检查工作如下所述：

① 对组成控制系统的各组成部件进行校验检查并记录，保证满足其精确度要求，确保仪表能正常使用。

② 对各连接管线、接线进行检查，保证连接正确。

③ 如果采用隔离措施，应在清洗导压管后，灌注流量、液位和压力测量系统中的隔离液。

④ 全面检查过程控制仪表，设置好控制器的正反作用、内外设定开关和参数值等；检查控制阀气开、气关形式的选型，能否灵活开闭及阀门定位器能否正确动作等。

⑤ 进行联动试验，用模拟信号代替检测变送信号，检查控制阀能否正确动作，显示仪表是否正确显示等；调整PID参数，观察控制器输出的变化是否正确。采用计算机控制时，情况与采用常规控制器时相似。

2．控制系统的投运

合理、正确地掌握控制系统的投运，使系统无扰动地、迅速地进入闭环，是工艺过程平稳运行的必要条件。对控制系统投运的唯一要求，是系统平稳地从手动操作转入自动控制，即按无扰动切换(指手动、自动切换时阀上的信号基本不变)的要求将控制器切入自动控制。

控制系统的投运应与工艺过程的开车密切配合，在进行静态试车和动态试车的调试过程中，对控制系统和检测系统进行检查与调试。控制系统各组成部分的投运次序一般如下所述。

(1) 检测系统投运

根据工业生产工艺要求,将温度、压力、流量、液位等检测系统投入运行,观察测量指示是否正确。

(2) 控制阀手动操作

事先了解控制阀在正常工况下的开度,手动操作使系统的被控量在给定值附近稳定下来,并使生产达到稳定工况,为切换到自动控制做好准备。

(3) 控制器投运

完成上述两个步骤,手动操作工况稳定后,逐个将控制回路过渡到自动操作,保证无扰动切换。为此,需再次检查控制器的正、反作用开关等位置是否正确。然后将调节器 PID 参数值设置在合适位置,当被控量与给定值一致,即当偏差为零时,将调节器由手动切换到自动(无扰动切换),实现自动控制。同时观察被控量的记录曲线是否符合工艺要求,若还不够理想,则调整 PID 参数,直到满意为止。调整 PID 参数常称为控制器参数整定。

应当指出,当工艺生产过程受到较大扰动,被控变量控制不稳定时,需要将控制系统退出自动运行,改为手动遥控,即自动切向手动,这一过程也需要达到无扰动切换。

3. 控制系统的维护

控制系统和检测系统投运后,为保持系统长期稳定地运行,应做好系统维护工作。

(1) 定期和经常性的仪表维护

主要包括各仪表的定期检查和校验,要做好记录和归档工作;要做好连接管线的维护工作,对隔离液等应定期灌注。

(2) 发生故障时的维护

一旦发生故障,应及时、迅速、正确地分析和处理,减少故障造成的影响;事后要进行分析,找到事故的首要原因并提出改进和整改方案;要落实整改措施并做好归档工作。

控制系统的维护是一个系统工程,应从系统的观点分析出现的故障。例如,测量值不准确的原因可能是检测变送器出现故障,也可能是连接的导压管线有问题,或者显示仪表的故障,甚至可能是控制阀阀芯的脱落所造成的。因此,应具体问题具体分析,不断积累经验,提高维护技能,缩短维护时间。

二、控制系统的整定

控制回路投运后,应根据工艺过程的特点,进行控制器参数的整定,直到满足工艺控制要求和控制品质的要求。对于简单控制系统,控制器参数整定的要求,就是通过选择合适的控制器参数,使过渡过程呈现 4∶1(或 10∶1)的衰减过程。具体来说,就是确定控制器最合适的比例度 δ、积分时间 T_I 和微分时间 T_D,因此控制系统的整定又称为控制器参数整定。控制器参数有多种整定方法,工程实际中常采用经验整定法、临界比例度法和衰减曲线法。

1. 经验整定法

经验整定法,是人们在长期的工程实践中,从各种控制规律对系统控制质量的影响的定性分析中总结出来的一种行之有效,并且得到广泛应用的工程整定方法。

在现场应用中,调节器的参数按先比例、后积分、最后微分的顺序置于某些经验数值后,把系统连接成闭环系统,然后再作给定值扰动,观察系统过渡过程曲线。若曲线还不够理想,则改变调节器参数 δ、T_I 和 T_D 的值,进行反复凑试,直到控制质量符合要求为止。

在具体整定时,先令 PID 调节器的 $T_I=\infty$,$T_D=0$,使其成为纯比例调节器。比例度 δ 按经验数据设置,整定纯比例控制系统的比例度,使系统达到 4∶1 衰减振荡的过渡过程曲线,再加积分作用。在加积分作用之前,应将比例度加大为原来的 1.2 倍。将积分时间 T 由大到小调整,直到系统得到 4∶1 衰减振荡的过渡过程曲线为止。若系统需引入微分作用,微分时间按 $(1/3\sim1/4)T_I$ 计算,这时可将比例度调到原来的数值(或更小些),再将微分时间由小到大调整,直到过渡过程曲线达到满意程度为止。在整定过程中,若要改变 T_I 和 T_D,应保持 T_I/T_D 的比值不变。

2. 临界比例度法

临界比例度法(又称稳定边界法)是目前应用比较广泛的一种闭环整定方法,其特点是直接在闭环系统中进行,不需要测试过程的动态特性。具体整定步骤如下:

① 先将控制器的积分时间 T_I 置于最大($T_I=\infty$),微分时间 T_D 置零($T_D=0$),比例度 δ 置为较大的数值,使系统投入闭环运行。

② 等系统运行稳定后,对设定值施加一个阶跃扰动,并减小 δ,直到系统出现如图 3.15 所示的等幅振荡为止,即临界振荡过程。记录此时的 δ_K(临界比例度)和等幅振荡周期 T_K。

③ 根据所记录的 δ_K 和 T_K,按表 3.2 给出的经验数值计算出控制器的 δ、T_I 和 T_D。

④ 根据上述计算结果设置控制器参数,观察系统响应过程,若曲线不符合要求,再适当调整整定参数值。

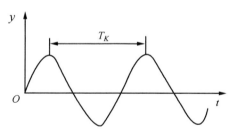

图 3.15 临界比例度法等幅振荡曲线

表 3.2 临界比例度法

控制规律	控制器参数		
	δ/%	T_I/min	T_D/min
P	$2\delta_K$	—	—
PI	$2.2\delta_K$	$0.85T_K$	—
PID	$1.7\delta_K$	$0.5T_K$	$0.125T_K$

临界比例度法简单方便,容易掌握和判断,但采用这种方法整定控制器参数时会受到一定的限制,有些过程控制系统不允许进行反复振荡试验,如锅炉给水系统和燃烧控制系统等一些时间常数较大的单容过程。

3. 衰减曲线法

衰减曲线法是针对经验法和临界比例度法的不足,并在它们的基础上经过反复实验而得出的,通过使系统产生4:1或10:1的衰减振荡来整定控制器参数值的一种整定方法。

如果要求过渡过程达到4:1的衰减比,其整定步骤如下所述:

① 在闭环控制系统中,先将控制器设置为纯比例作用($T_I=\infty$,$T_D=0$),并将比例度δ预置在较大的数值(一般为100%)上。

② 在系统运行稳定后,用改变设定值的办法加入阶跃扰动,观察被控变量记录曲线的衰减比,然后逐步减小比例度,直至出现如图3.16所示的4:1衰减振荡过程。记下此时的比例度δ_S及衰减振荡周期T_S。

③ 根据δ_S、T_S值,按表3.3所列的经验公式计算出采用相应控制规律的控制器的整定数值δ、T_I和T_D。

④ 先将比例度设置为比计算值小一些的数值,然后把积分时间放到求得的数值上,慢慢放上微分时间,最后把比例度减小到计算值上,观察过渡过程曲线,如不太理想,可做适当调整。如果衰减比大于4:1,应继续减小;而当衰减比小于4:1时,δ则应增大,直至过渡过程呈现4:1衰减时。

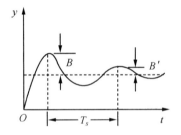
图3.16 4:1衰减过程曲线

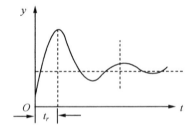
图3.17 10:1衰减过程曲线

表3.3 衰减曲线法整定控制器参数经验公式

衰减比	控制规律	控制器参数		
		δ/%	T_I/min	T_D/min
4:1	P	δ_S	—	—
	PI	$1.2\delta_S$	$0.5T_S$	—
	PID	$0.8\delta_S$	$0.3T_S$	$0.1T_S$
10:1	P	δ_S'	—	—
	PI	$1.2\delta_S'$	$2t_r$	—
	PID	$0.8\delta_S'$	$1.2t_r$	$0.4t_r$

10:1衰减曲线法整定控制器参数的步骤与4:1衰减曲线法基本相同,仅仅是采用的计算公式有些不同。此时需要求取10:1衰减时的比例度δ_S'和从10:1衰减曲线上求取过渡过程达到第一个波峰时的上升时间t_r(因为曲线衰减很快,振荡周期不容易测准,故改为以测上升时间t_r代之)。有了δ_S'及t_r两个实验数据,查表3.3即可求得控制器应该采用的参数值。

衰减曲线法适用于大多数过程,但对于反应较快的小容量过程,如管道压力、流量及小容量的液位控制系统等,在记录曲线上读出衰减比与求衰减振荡周期或上升时间均比较困难,可能会产生误差。

4．三种控制器参数整定方法的比较

上述三种工程整定方法各有优缺点。

经验法简单可靠,能够应用于各种控制系统,特别适合扰动频繁、记录曲线不太规则的控制系统;缺点是需反复凑试,花费时间长。同时,由于经验法是靠经验来整定的,是一种"看曲线,调参数"的整定方法,所以不同经验水平的人,对同一过渡过程曲线可能有不同的认识,从而得出不同的结论,整定质量不一定高。因此,对于现场经验较丰富、技术水平较高的人,此法较为合适。

临界比例度法简便且易于判断,整定质量较好,适用于一般的温度、压力、流量和液位控制系统;但对于临界比例度很小,或者工艺生产约束条件严格、对过渡过程不允许出现等幅振荡的控制系统不适用。

衰减曲线法的优点是较为准确可靠,而且安全,整定质量较高,但对于外界扰动作用强烈而频繁的系统,或由于仪表、控制阀工艺上的某种原因而使记录曲线不规则,或难于从曲线上判断衰减比和衰减周期的控制系统不适用。

因此在实际应用中,一定要根据过程的情况与各种整定方法的特点,合理选择使用。

5．负荷变化对整定结果的影响

需要特别指出的是,在生产过程中,工艺条件的变动,特别是负荷变化会影响过程的特性,从而影响控制器参数的整定结果。因此,当负荷变化较大时,此时在原生产负荷下整定好的控制器参数已不能使系统达到规定的稳定性要求,此时,必须重新整定控制器的参数值,以求得新负荷下合适的控制器参数。

3.7 简单控制系统的故障与处理

过程控制系统是工业生产正常运行的保障。一个设计合理的控制系统,如果在安装和使用维护中稍有闪失,便会造成因仪表故障停车带来的重大经济损失。正确分析判断、及时处理系统和仪表故障,不但关系到生产的安全和稳定,还涉及产品质量和能耗,而且也反映出自控人员的工作能力及业务水平。因此,在生产过程的自动控制中,仪表维护、维修人员除需掌握基本的控制原理和控制工程基础理论外,更需熟练地掌握控制系统维护的操作技能,并在工作中逐步积累一定的现场实际经验,这样才能具有判断和处理现场中出现的千变万化的故障的能力。

一、故障产生的原因

过程控制系统在线运行时,如果不能满足质量指标的要求,或者指示记录仪表上的示值偏离质量指标的要求,说明方案设计合理的控制系统存在故障,需要及时处理,排除故障。

一般来说,开工初期或停车阶段,由于工艺生产过程不正常、不稳定,各类故障较多。当然,这种故障不一定都出自控制系统和仪表本身,也可能来自工艺部分。自动控制系统的故障是一个较为复杂的问题,涉及面也较广,自动化工作人员要按照故障现象,分析和判断故障产生的原因,并采取相应的措施进行故障处理。多年来,自动化工作者在配合生产工艺处理仪表故障的实践中,积累了许多成功而宝贵的经验,如下所述:

① 工艺过程设计不合理或者工艺本身不稳定,从而在客观上造成控制系统扰动频繁、扰动幅度变化很大,自控系统在调整过程中不断受到新的扰动,使控制系统的工作复杂化,从而反映在记录曲线上的控制质量不够理想。这时需要对工艺和仪表进行全面分析,才能排除故障。可以在对控制系统中各仪表进行认真检查并确认可靠的基础上,将自动控制切换为手动控制,在开环情况下运行。若工艺操作频繁,参数不易稳定,调整困难,则一般可以判断是由于工艺过程设计不合理或者工艺本身的不稳定引起的。

② 自动控制系统的故障也可能是控制系统中个别仪表造成的。多数仪表故障的原因出现在与被测介质相接触的传感器和控制阀上,这类故障约占60%以上。尤其是安装在现场的控制阀,由于腐蚀、磨损、填料的干涩而造成阀杆摩擦力增加,使控制阀的性能变坏。

③ 用于连接生产装置和仪表的各类取样取压管线、阀门、电缆电线、插接板件等仪表附件所引起的故障也很常见,这与其周边恶劣的环境密切相关。此外,因仪表电源引起的故障也呈现上升趋势。

④ 过程控制系统的故障与控制器参数的整定是否合适有关。众所周知,控制器参数的不同,会使系统的动、静态特性发生变化,控制质量也会发生改变。控制器参数整定不当而造成控制系统的质量不高属于软故障一类。需要强调的是,控制器参数的确定不是静止不变的,当负荷发生变化时,被控对象的动、静态特性随之变化,控制器的参数也要重新整定。

⑤ 控制系统的故障也有人为因素。因安装、检修或误操作造成的仪表故障,多数是因为缺乏经验造成的。

在实践中出现的问题是没有确定的约束条件的,而且比理论问题更为复杂。在生产实践中,一旦摸清了仪表故障的规律性,就能配合工艺快速、准确地判明故障原因,排除故障,防患于未然。

二、故障判断和处理的一般方法

仪表故障分析是一线维护人员经常遇到的工作。分析故障前要做到"两了解":应比较透彻地了解控制系统的设计意图、结构特点、施工、安装、仪表精度、控制器参数要求等;应了解有关工艺生产过程的情况及其特殊条件。这对分析系统故障是极有帮助的。

在分析和检查故障前,应首先向当班操作工了解情况,包括处理量、操作条件、原料等是否改变,再结合记录曲线进行分析,以确定故障产生的原因,尽快排除故障。

① 如果记录曲线产生突变,记录指针偏向最大或最小位置时,故障多半出现在仪表部分。工艺参数的变化一般都比较缓慢,并且有一定的规律性,如热电偶或热电阻断路。

② 记录曲线不变化而呈直线状,或记录曲线原来一直有波动,突然变成了一条直线,在

这种情况下,故障极有可能出现在仪表部分。因记录仪表的灵敏度一般都较高,工艺参数或多或少的变化都应该在记录仪表上反映出来。必要时可以人为地改变工艺条件,如果记录仪表仍无反应,则是检测系统仪表出了故障,如差压变送器引压管堵塞。

③ 记录曲线一直较正常,有波动,但以后的记录曲线逐渐变得无规则,使系统自控很困难,甚至切入手动控制后也没有办法使之稳定,此类故障有可能出于工艺部分,如工艺负荷突变。

3.8 习 题

1. 什么是简单控制系统?
2. 控制系统设计中,被控变量的选择原则是什么?
3. 如图 3.14 所示为一换热器出口温度控制系统,自动调节经换热器加热或冷却的工艺介质(工质)的出口温度,试分析该系统中的被控对象、被控变量、控制变量以及可能出现的干扰是什么,并画出系统的方框图。
4. 什么是控制阀的理想流量特性和工作流量特性,两者有什么关系?如何选择控制阀的流量特性?
5. 什么是气动薄膜控制阀的气开和气关?选择的原则是什么?并试举一例加以说明。
6. 检测变送仪表的特性参数 K_m、T_m 和 τ_m 如何影响系统控制质量?使用中应注意哪些问题?
7. 在设计过程控制系统时,怎样减小或克服测量变送中的纯滞后、测量滞后?
8. 在简单控制系统设计中,测量变送环节常遇到哪些主要问题?怎样克服这些问题?
9. 比例控制器、比例积分控制器、比例积分微分控制器的特点分别是什么?各使用在什么场合?
10. 被控对象、执行器以及控制器的正、反作用是如何规定的?
11. 控制器正、反作用选择的依据是什么?
12. 在图 3.14 所示的换热器出口温度控制系统中,经换热器加热或冷却的工艺介质(工质)的出口温度不能过热,试确定控制阀的气关、气开形式及控制器的正、反作用。
13. 如图 3.13 所示为锅炉汽包液位控制系统的示意图,要求锅炉不能烧干。试画出该系统的方框图,判断控制阀的气开、气关形式,确定控制器的正、反作用,并简述当加热室温度升高导致蒸汽蒸发增加时,该控制系统是如何克服扰动的。
14. 单回路控制系统的投运步骤有哪些?
15. 控制器参数整定的任务是什么?常用的整定参数方法有哪几种?它们各有什么特点?
16. 某控制系统用 4∶1 衰减曲线法整定控制器的参数,已测得 $\delta_s = 30\%$,$T_s = 5$ min。

试分别确定 P、PI、PID 作用时控制器的参数。

17. 某控制系统用 10∶1 衰减曲线法整定控制器的参数,已测得 $\delta_s=40\%$,$T_s=3$ min。试分别确定 P、PI、PID 作用时控制器的参数。

18. 某控制系统中的 PI 控制器采用经验凑试法整定控制器参数,如果发现在扰动情况下的被控变量记录曲线最大偏差过大,变化很慢且长时间偏离设定值加热剂,试问在这种情况下应怎样改变比例度与积分时间?

19. 如图 3.18 所示为一列管换热器,工艺要求物料出口温度要稳定,试设计一个单回路控制系统,要求:

(1) 确定被控变量和操纵变量;

(2) 画出工艺管道及仪表流程图、控制系统方框图;

(3) 选择测量仪表(已知物料出口温度为正常值)、检测元件(名称、分度号)、显示仪表(名称、测量范围);

(4) 确定控制器的正、反作用方式及控制阀的气开、气关型式(要求换热器内的温度不能过高);

(5) 系统的控制器参数可用哪些常用的工程方法整定?

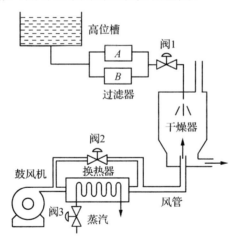

图 3.18 喷雾干燥过程控制系统

第4章 复杂控制系统

简单控制系统由于结构简单而得到广泛的应用,其数量占所有控制系统总数的80%以上,在绝大多数场合下已能满足生产要求。但随着科技的发展,新工艺、新设备的出现,生产过程的大型化和复杂化,必然导致对操作条件的要求更加严格,变量之间的关系更加复杂。此外,生产过程中的某些特殊要求,如物料配比问题、前后生产工序协调问题、为了安全而采取的软保护问题、管理与控制一体化问题等,这些问题的解决都是简单控制系统所不能胜任的,因此,相应地就出现了复杂控制系统。

在简单反馈回路中增加计算环节、控制环节或其他环节的控制系统统称为复杂控制系统。复杂控制系统种类较多,按其所满足的控制要求可分为两大类:

① 以提高系统控制质量为目的,改善系统过渡过程品质的复杂控制系统,主要有串级和前馈控制系统;

② 满足特定生产工艺,实现某些特定要求的控制系统,主要有比值、均匀、分程和选择性系统等。

本章介绍几种实际生产中应用较为成熟、广泛的复杂控制系统。

4.1 串级控制系统

4.1.1 串级控制系统的组成原理

一、串级控制系统的基本原理

串级控制系统在改善复杂控制系统的控制指标方面具有较大的优势。下面以工业生产过程中常用设备之一管式加热炉系统为例介绍串级控制系统。

1. 简单控制系统方案实现

工艺要求被加热物料的温度为某一定值,影响加热炉出口温度的主要因素有:原料方面的进口温度及流量波动等扰动 $f_1(t)$、燃料油压力及热值的波动 $f_2(t)$、烟囱抽力的波动 $f_3(t)$ 等。

依据简单控制系统的方案设计原则,考虑选取加热炉的出口温度为被控变量,加热燃料量为控制变量,构成图 4.1(a)所示的简单控制系统,根据出口温度的变化来控制燃料控制阀的开度,即改变燃料量来维持出口温度保持在工艺所规定的数值上。

理论上,上述控制方案的构成是可行的、合理的,它将所有对温度的扰动因素都包括在控制回路之中,只要扰动导致温度发生变化,控制器就可通过改变控制阀的开度来改变燃料油的流量,把变化了的温度重新调回到设定值。但在实际生产过程中,控制通道的时间常数和容量滞后较大,控制作用不及时,上述简单控制系统的控制质量往往很差,原料的出口温度波动较大,难以满足生产上的要求。

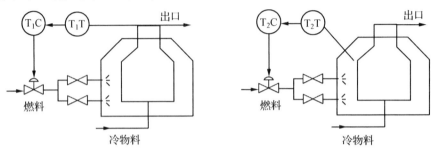

(a)出口温度控制系统　　　　　　(b)炉膛温度控制系统

图 4.1　加热炉温度简单控制系统

因此,为减小控制通道的时间常数,选择炉膛温度为被控变量,燃料量为操纵变量,设计如图 4.1(b)所示的简单控制系统,以维持炉出口温度的稳定要求。该设计对于包含在控制回路中的燃料油压力及热值的波动 $f_2(t)$、烟囱抽力的波动 $f_3(t)$ 等均能及时有效地克服。但是,因来自原料油方面的进口温度及流量波动等扰动 $f_1(t)$ 未包括在该系统内,系统不能克服扰动 $f_1(t)$ 对炉出口温度的影响。实际运行表明,该系统仍然不能达到生产工艺要求。

2. 串级控制系统方案实现

为了解决管式加热炉的原料出口温度控制问题,在生产实践中,往往根据炉膛温度的变化,先改变燃料量,然后再根据原料油出口温度与其设定值之差,进一步改变燃料量,以保持原料油出口温度的恒定。模仿这样的人工操作程序就构成了以原料油出口温度为主要被控变量的炉出口温度与炉膛温度的串级控制系统,如图 4.2 所示。

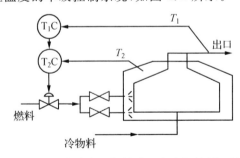

图 4.2　加热炉出口与炉膛温度串级控制系统

该设计使得控制回路中的燃料油压力及热值的波动 $f_2(t)$、烟囱抽力的波动 $f_3(t)$ 主要由炉膛温度控制器 T_2C 克服,原料油方面的进口温度及流量波动等扰动 $f_1(t)$ 由炉出口温度控制器 T_1C 克服。

该串级控制系统的方框图如图 4.3 所示。

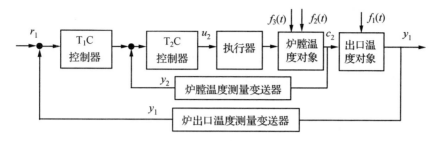

图 4.3 加热炉温度串级控制系统方框图

由图 4.2 或图 4.3 可以看出,在这个控制系统中,有两个控制器 T_1C 和 T_2C,它们分别接收来自对象不同部位的测量信号,其中一个控制器 T_1C 的输出作为另一个控制器 T_2C 的设定值,而后者的输出去控制控制阀以改变操纵变量。从系统的结构来看,这两个控制器是串联工作的。

二、方框图及常用名词

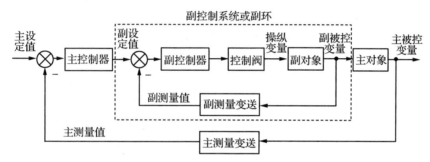

图 4.4 串级控制系统的通用原理方框图

1. 串级控制系统的组成

如图 4.4 所示为串级控制系统的通用原理方框图。由该图可以看出串级控制系统在结构上具有以下特征:

① 将原被控对象分解为两个串联的被控对象。

② 以连接分解后的两个被控对象的中间变量为副被控变量,增加一个控制器 T_2C 和一个副被控变量的测量反馈环节,构成一个简单控制系统,称为副控制系统、副回路或副环。

③ 以原对象的输出信号为主被控变量,即分解后的第二个被控对象的输出信号,构成一个控制系统,称为主控制系统、主回路或主环。

④ 主控制系统中控制器的输出信号作为副控制系统控制器的设定值,副控制系统的输出信号作为主被控对象的输入信号。

⑤ 主回路是定值控制系统。对主控制器的输出而言,副回路是随动控制系统;对进入副回路的扰动而言,副回路是定值控制系统。

2. 串级控制系统的名词术语

为了便于分析问题,下面介绍串级控制系统常用的名词术语。

主被控变量:是生产过程中的工艺控制指标,在串级控制系统中起主导作用的被控变量,简称主变量。如上例中的原料出口温度 T_1。

副被控变量：串级控制系统中为了稳定主被控变量而引入的中间辅助变量，简称副变量。如上例中的炉膛温度 T_2。

主对象（主过程）：生产过程中所要控制的，为主变量表征其特性的生产设备。其输入量为副变量，输出量为主变量，它表示主变量与副变量之间的通道特性。如上例中原料油的炉内受热管道。

副对象（副过程）：为副变量表征其特性的生产设备。其输入量为操纵量，输出量为副变量，它表示副变量与控制变量之间的通道特性。在上例中主要指燃料油燃烧装置及炉膛部分。

主控制器：按主变量的测量值与设定值的偏差工作，其输出作为副变量设定值的那个控制器。如上例中的出口温度控制器 T_1C。

副控制器：其设定值来自主控制器的输出，并按副变量的测量值与设定值的偏差进行工作的那个控制器，其输出直接去操纵控制阀。如上例中的炉膛温度控制器 T_2C。

主设定值：主变量的期望值，由主控制器内部设定。

副设定值：是指由主控制器的输出信号提供的副控制器的设定值。

主测量值：由主测量变送器测得的主变量的值。

副测量值：由副测量变送器测得的副变量的值。

副回路：处于串级控制系统内部的，由副控制器、控制阀、副对象和副测量变送器组成的闭合回路，又称内回路，简称副环或内环。如图 4.4 中虚线框内部分。

主回路：由主控制器、副回路、主对象和主测量变送器组成的闭合回路。主回路为包括副回路的整个控制系统，又称外回路，简称主环或外环。

一次扰动：指作用在主对象上、不包含在副回路内的扰动。如上例中被加热物料的流量和初温变化 $f_1(t)$。

二次扰动：指作用在副对象上，即包含在副回路内的扰动。如上例中燃料方面的扰动 $f_2(t)$ 和烟囱抽力的变化 $f_3(t)$。

一般来说，主控制器的设定值是由工艺规定的，它是一个定值，因此，主环是一个定值控制系统。而副控制器的设定值是由主控制器的输出提供的，它随主控制器输出的变化而变化，因此，副回路是一个随动控制系统。

三、串级控制系统的控制过程

仍以上例中的管式加热炉为例，来说明串级控制系统是如何有效地克服被控对象的容量滞后而提高控制质量的。

燃料油压力及热值的波动 $f_2(t)$、烟囱抽力的波动 $f_3(t)$ 这两个扰动包含在副回路中，扰动 $f_2(t)$ 和 $f_3(t)$ 变化后先影响炉膛温度（副被控量），于是副调节器起到控制作用，通过反馈向副调节器发出校正信号，控制调节阀（即控制阀）的开度，改变燃料量，克服对炉膛温度的影响。如果扰动量不大，经过副回路的控制将不会对出口物料温度产生影响；如果扰动量过大，经过副回路的校正，可以减小对出口物料的影响，经过主回路的进一步调节，也能使出口温度调回设定值，减轻了主回路的负担，提高了控制系统的性能指标。

物料的入口温度、流量、比热容、压力等扰动 $f_1(t)$ 包括在主回路中的一次扰动。

扰动量 $f_1(t)$ 使物料出口温度变化时，主回路产生校正作用，由于副回路的存在加快了校正速度，提高了系统的性能指标。

一次扰动和二次扰动同时存在。多个扰动同时出现时，在主、副调节器的共同作用下，加快了调节阀动作速度，加强了控制作用。

从上述分析可以看出，在串级控制系统中，由于引入了一个副回路，因而既能及早克服从副回路进入的二次扰动对主变量的影响，又能保证主变量在其他扰动（一次扰动）作用下能及时加以控制，因此能大大提高系统的控制质量，以满足生产要求。

4.1.2 串级控制系统的特点

从总体来看，串级控制系统仍然是一个定值控制系统，因此主变量在扰动作用下的过渡过程和简单定值控制系统的过渡过程具有相同的品质指标和类似的形式。但是串级控制系统和简单控制系统相比，在结构上增加了一个与之相连的副回路，因此具有一系列特点。

1. 能迅速克服进入副回路的干扰

图 4.5 中，在作用于副回路二次干扰 F_2 的作用下，副回路的传递函数为

$$G_{02}^* = \frac{Y_2(s)}{F_2(s)} = \frac{G_{02}(s)}{1+G_{c2}(s)G_v(s)G_{02}(s)G_{m2}(s)} \tag{4.1}$$

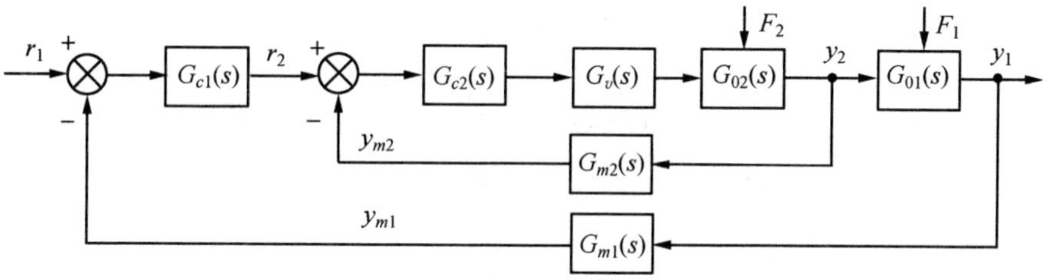

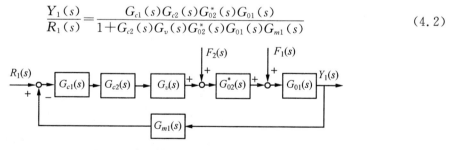

图 4.5 串级控制系统结构

为了便于分析，将图 4.5 等效为图 4.6，在给定信号 $R_1(s)$ 的作用下，得到系统输出对输入的传递函数为

$$\frac{Y_1(s)}{R_1(s)} = \frac{G_{c1}(s)G_{c2}(s)G_{02}^*(s)G_{01}(s)}{1+G_{c2}(s)G_v(s)G_{02}^*(s)G_{01}(s)G_{m1}(s)} \tag{4.2}$$

图 4.6 串级控制系统的等效框图

在干扰的作用下，得到系统输出对干扰输入的传递函数为

$$\frac{Y_1(s)}{F_2(s)} = \frac{G_{02}^*(s)G_{01}(s)}{1+G_{c1}(s)G_{c2}(s)G_v(s)G_{02}^*(s)G_{01}(s)G_{m1}(s)} \tag{4.3}$$

对于一个控制系统而言,在给定信号作用下,其输出量能复现输入量的变化,即 $Y_1(s)/R_1(s)$ 越接近"1",则系统的控制性能越好;在干扰作用下,其控制作用能迅速克服干扰的影响,即 $Y_1(s)/F_2(s)$ 越接近"0",则系统的抗干扰能力越强。在工程上,通常将二者的比值作为衡量控制系统性能和抗干扰能力的综合指标,该比值越大,则系统的控制性能和抗干扰能力越强。对于图 4.6 所示的系统,该综合指标表示为

$$\frac{Y_1(s)/R_1(s)}{Y_1(s)/F_2(s)} = G_{c1}(s)G_{c2}(s)G_v(s) \tag{4.4}$$

假设 $G_{c1}(s) = K_{c1}$,$G_{c2}(s) = K_{c2}$,$G_v(s) = K_v$,由式(4.4)可得

$$\frac{Y_1(s)/R_1(s)}{Y_1(s)/F_2(s)} = K_{c1}K_{c2}K_v \tag{4.5}$$

显然,主、副控制器的比例增益乘积越大,抗干扰能力越强,控制品质越好。

为便于比较,图 4.7 给出了上述被控过程的单回路控制系统。

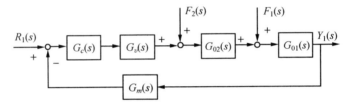

图 4.7 单回路控制系统的结构框图

图 4.7 中,在给定信号 $R_1(s)$ 的作用下,得到系统输出对输入的传递函数为

$$\frac{Y_1(s)}{R_1(s)} = \frac{G_c(s)G_v(s)G_{02}(s)G_{01}(s)}{1 + G_c(s)G_v(s)G_{02}(s)G_{01}(s)G_m(s)} \tag{4.6}$$

在干扰 F_2 的作用下,得到系统输出对干扰输入的传递函数为

$$\frac{Y_1(s)}{F_2(s)} = \frac{G_{02}(s)G_{01}(s)}{1 + G_c(s)G_v(s)G_{02}(s)G_{01}(s)G_m(s)} \tag{4.7}$$

由式(4.6)和式(4.7)得到单回路控制系统的控制性能与抗干扰能力的综合指标为

$$\frac{Y_1(s)/R_1(s)}{Y_1(s)/F_2(s)} = G_c(s)G_v(s) \tag{4.8}$$

假设 $G_c(s) = K_c$,$G_v(s) = K_v$,由式(4.8)可得

$$\frac{Y_1(s)/R_1(s)}{Y_1(s)/F_2(s)} = K_c K_v \tag{4.9}$$

比较式(4.5)和式(4.6),在一般情况下,有

$$K_{c1}K_{c2} > K_c \tag{4.10}$$

由上述分析可知,由于串级控制系统副回路的存在,系统能迅速克服进入副回路的二次干扰,从而大大减小了二次干扰对主被控变量的影响;此外,由于副回路的存在,提高了控制作用的总放大系数,改善了被控对象的动态特性,使控制过程加快,从而有效地克服容量滞后,使整个系统的工作频率比简单控制系统的工作频率有所提高,进一步提高了控制质量。

2. 改善过程的动态特性,提高系统的工作频率

在图 4.5 所示的串级控制系统中,把整个副回路看成一个等效过程,得到其传递函数为

$$G'_{02}(s) = \frac{Y_2(s)}{R_2(s)} = \frac{G_{c2}(s)G_v(s)G_{02}(s)}{1+G_{c2}(s)G_v(s)G_{02}(s)G_{m2}(s)} \tag{4.11}$$

假设副回路中各环节的传递函数为

$$G_{02}(s) = \frac{K_{02}}{T_{02}s+1}, G_{c2}(s) = K_{c2}, G_v(s) = K_v, G_{m2}(s) = K_{m2}$$

将上述关系代入式(4.11),可得

$$G'_{02}(s) = \frac{K_{c2}K_vK_{02}/(T_{02}s+1)}{1+K_{c2}K_vK_{02}K_{m2}/(T_{02}s+1)} = \frac{K'_{02}}{T'_{02}s+1} \tag{4.12}$$

式中,K'_{02}、T'_{02}分别为等效过程的放大系数和时间常数,且满足:

$$K'_{02} = \frac{K_{c2}K_vK_{02}}{1+K_{c2}K_vK_{02}K_{m2}} \tag{4.13}$$

$$T'_{02} = \frac{T_{02}}{1+K_{c2}K_vK_{02}K_{m2}} \tag{4.14}$$

比较$G_{02}(s)$和$G'_{02}(s)$,由于$(1+K_{c2}K_vK_{02}K_{m2}) \gg 1$,因此,有

$$T'_{02} \ll T_{02}, K'_{02} \ll K_{02} \tag{4.15}$$

上式表明,由于副回路的存在,改善了控制通道的动态特性,使等效过程的时间常数变为原来的$1/(1+K_{c2}K_vK_{02}K_{m2})$,而且副控制器比例增益$K_{c2}$越大,等效过程的时间常数越小。通常情况下,副被控过程大多为单容或双容过程,因而副控制器的比例增益可以取得很大,等效时间常数就可以减小到很小的数值,使副回路近似等效为1:1的环节。这样,对主控制器而言,其等效被控过程只剩下不包括在副回路中的一部分被控过程,使容量滞后减小,系统的响应速度加快。

串级控制系统的工作频率可以依据闭环系统的特征方程式计算得到。串级控制系统特征方程式为

$$1+G_{c1}(s)G'_{02}(s)G_{01}(s)G_{m1}(s) = 0 \tag{4.16}$$

假设主回路中各环节的传递函数为

$$G_{01}(s) = \frac{K_{01}}{T_{01}s+1}, G_{c1}(s) = K_{c1}, G_{m1}(s) = K_{m1}$$

副回路的传递函数同前,将上述关系代入式(4.16),可得

$$1 + \frac{K_{c1}K'_{02}K_{01}K_{m1}}{(T'_{02}s+1)(T_{01}s+1)} = 0 \tag{4.17}$$

经整理后

$$s^2 + \frac{T_{01}+T'_{02}}{T_{01}T'_{02}}s + \frac{1+K_{c1}K'_{02}K_{01}K_{m1}}{T_{01}T'_{02}} = 0 \tag{4.18}$$

令

$$\begin{cases} 2\xi\omega_0 = \dfrac{T_{01}+T'_{02}}{T_{01}T'_{02}} \\ \omega_0^2 = \dfrac{1+K_{c1}K'_{02}K_{01}K_{m1}}{T_{01}T'_{02}} \end{cases}$$

则式(4.18)可写成如下标准形式:

$$s^2 + 2\xi\omega_0 s + \omega_0^2 = 0 \tag{4.19}$$

式中 ξ 为串级控制系统的衰减系数；ω_0 为串级控制系统的自然频率。

从自动控制理论可知，当 $0<\xi<1$ 时，串级控制系统的工作频率为

$$\omega_{串}=\omega_0\sqrt{1-\xi^2}=\frac{\sqrt{1-\xi^2}}{2\xi}\frac{T_{01}+T'_{02}}{T_{01}T'_{02}} \tag{4.20}$$

对于同一个被控过程，如果采用单回路控制系统，则由式(4.16)可得系统的特征方程为

$$1+G_c(s)G_v(s)G_{02}(s)G_{01}(s)G_m(s)=0 \tag{4.21}$$

假设单回路中各环节的传递函数为

$$G_{01}(s)=\frac{K_{01}}{T_{01}s+1},\ G_{02}(s)=\frac{K_{02}}{T_{02}s+1},\ G_c(s)=K_c,\ G_m(s)=K_m,\ G_v(s)=K_v$$

将上述关系代入式(4.21)，可得

$$s^2+\frac{T_{01}+T_{02}}{T_{01}T_{02}}s+\frac{1+K_cK_vK_{02}K_{01}K_m}{T_{01}T_{02}}=0 \tag{4.22}$$

令

$$\begin{cases}2\xi'\omega'_0=\dfrac{T_{01}+T_{02}}{T_{01}T_{02}}\\ \omega'^2_0=\dfrac{1+K_cK_vK_{02}K_{01}K_m}{T_{01}T_{02}}\end{cases}$$

式中 ξ' 为串级控制系统的衰减系数；ω'_0 为串级控制系统的自然频率。

同理，当 $0<\xi'<1$ 时，串级控制系统的工作频率为

$$\omega_{单}=\omega'_0\sqrt{1-\xi'^2}=\frac{\sqrt{1-\xi'^2}}{2\xi'}\frac{T_{01}+T_{02}}{T_{01}T_{02}} \tag{4.23}$$

如果令串级控制系统和单回路控制系统具有相同的衰减系数，即 $\xi=\xi'$，则有

$$\frac{\omega_{串}}{\omega_{单}}=\frac{(T_{01}+T'_{02})/T_{01}T'_{02}}{(T_{01}+T_{02})/T_{01}T_{02}}=\frac{1+T_{01}/T'_{02}}{1+T_{01}/T_{02}} \tag{4.24}$$

因为 $T_{01}/T'_{02}\gg T_{01}/T_{02}$，所以有

$$\omega_{串}\gg\omega_{单} \tag{4.25}$$

由上述分析可知，当主、副被控过程为一阶惯性环节，主、副控制器均为比例控制时，由于串级控制系统中副回路的存在，改善了被控过程的动态特性，提高了整个系统的工作频率。进一步研究表明，当主、副被控过程的时间常数 T_{01}/T_{02} 比值一定时，副控制器的比例增益 K_{c2} 越大，串级控制系统的工作频率就越高；而当 K_{c2} 一定时，T_{01}/T_{02} 的比值越大，串级控制系统的工作频率也越高。系统工作频率的提高，使系统的振荡周期得以缩短，从而提高了整个系统的控制质量。

3. 对负荷变化有一定的自适应能力

在简单控制系统中，控制器的参数是在一定的负荷(即一定的工作点)、一定的操作条件下，根据该负荷下的对象特性，按一定的质量指标整定得到的。因此，一组控制器参数只能适用于一定的生产负荷和操作条件。如果被控对象具有非线性，那么，随着负荷和操作条件的改变，对象特性就会发生改变。这样，在原负荷下整定所得的控制器参数就不能够再适应，需要重新整定。如果仍用原先的参数，控制质量就会下降。这一问题在简单控制系统中

是难以解决的。但在串级控制系统中,由于副被控过程的等效放大系数为

$$K'_{02} = \frac{K_{c2}K_v K_{02}}{1+K_{c2}K_v K_{02}K_{m2}} \tag{4.26}$$

一般情况下,$K_{c2}K_v K_{02}K_{m2} \gg 1$。因此,当副被控过程或调节阀的放大系数 K_{02} 或 K_v 随负荷变化时,对 K'_{02} 的影响不大,因此不需要重新整定控制器参数。此外,由于副回路是一个随动系统,当负荷或操作条件改变时,主控制器将改变其输出,调整副控制器的设定值,从而使系统能快速适应上述变化,保持较好的控制品质。从上述两个方面看,串级控制系统能克服非线性的影响,对负荷和操作条件的变化具有较强的自适应能力。

4.1.3 串级控制系统的设计

一、主、副回路设计

串级控制系统的主回路是一个定值控制系统,对于主参数的选择和主回路的设计按照单回路控制系统的设计原则进行。串级控制系统的设计主要是副参数的选择和副回路设计以及主、副回路关系的考虑,下面介绍其设计原则。

1. 副回路应包括尽可能多的扰动

在 4.1.2 节的分析中已得出结论,副回路对于包含在其中的二次扰动、非线性及参数、负荷变化有很强的抑制能力与一定的自适应能力,因此副回路应包括生产过程中变化剧烈、频繁且幅度大的主要扰动。

如图 4.2 所示的以炉出口温度为主参数、以炉膛温度为副参数的串级控制系统,如果燃料的流量和热值变化是主要扰动,上述方案是正确且合理的。此外,副回路还可包括炉膛抽力变化等多个扰动。当然,并不是说在副回路中包括的扰动越多越好,而应该是合理的。因为包括的扰动越多,其通道就越长,时间常数就越大,这样副回路就会失去快速克服扰动的作用。此外,若所有扰动均包含在副回路内,则主调节器就失去了作用,也不能称串级控制系统了。所以必须结合具体情况进行设计。

2. 应使主、副过程的时间常数适当匹配

在选择副参数、进行副回路的设计时,必须注意主、副过程时间常数的匹配问题。因为它是串级控制系统正常运行的主要条件,是保证安全生产、防止共振的根本措施。

原则上,主、副过程时间常数之比应在 3~10 范围之内。如果副过程的时间常数比主过程小得太多,这时虽副回路反应灵敏,控制作用快,但副回路包含的扰动少,对于过程特性的改善也就减少了;相反,如果副回路的时间常数接近于甚至大于主过程的时间常数,这时副回路虽对改善过程特性的效果较显著,但副回路反应较迟钝,不能及时有效地克服扰动。如果主、副过程的时间常数比较接近,这时主、副回路的动态联系十分密切,当一个参数发生振荡时,会使另一个参数也发生振荡,这就是所谓的"共振",它不利于生产的正常进行。串级控制系统主、副过程时间常数的匹配是一个比较复杂的问题。在工程上,应该根据具体过程的实际情况与控制要求来定。

二、主、副调节器控制规律选择

在串级控制系统中,主、副调节器所起的作用是不同的。主调节器起定值控制作用,副

调节器起随动控制作用,这是选择控制规律的出发点。

主参数是工艺操作的主要指标,允许波动的范围比较小,一般要求无静差,因此,主调节器应选 PI 或 PID 控制规律。副参数的设置是为了保证主参数的控制质量,可以在一定范围内变化,允许有余差,因此副调节器只要选 P 控制规律即可,一般不引入积分控制规律(若采用积分规律,会延长控制过程,减弱副回路的快速作用),也不引入微分控制规律(因为副回路本身起着快速作用,再引入微分规律会使调节阀动作过大,对控制不利)。

三、主、副调节器正反作用方式的确定

在单回路控制系统设计中已述,要使一个过程控制系统能正常工作,系统必须为负反馈。对于串级控制系统来说,主、副调节器中正、反作用方式的选择原则是,使整个控制系统构成负反馈系统,即其主通道各环节放大系数极性乘积必须为正值。各环节放大系数极性的规定与单回路系统设计相同。下面以图 4.2 所示炉出口温度与炉膛温度串级控制系统为例,说明主、副调节器中正、反作用方式的确定。

从生产工艺安全出发,燃料油调节阀选用气开式,即一旦调节器损坏,调节阀处于全关状态,以切断燃料油进入加热炉,确保其设备安全,故调节阀的 K_v 为正。若调节阀开度增高,燃料油增加,炉膛温度升高,故副过程的 K_{o2} 为正。为了保证副回路为负反馈,则副调节器的放大系数 K_2 应取正,即为反作用调节器。由于炉膛温度升高,炉出口温度也升高,故主过程的 K_{o1} 为正。为保证整个回路为负反馈,则主调节器的放大系数 K_1 应为正,即为反作用调节器。

要想判断串级控制系统主、副调节器正、反作用方式的确定是否正确,可做如下检验:当炉出口温度升高时,主调节器输出应减小,即副调节器的给定值减小,因此,副调节器输出减小,使调节阀开度减小。这样,进入加热护的燃料油减少,从而使炉膛温度和出口温度降低。

4.1.4 串级控制系统的整定

串级控制系统在结构上有主、副两个控制器相互关联,因此其控制器参数的整定要比简单控制系统复杂。在整定串级控制系统的控制器参数时,首先必须明确主、副回路的作用,以及对主、副被控变量的控制要求,然后通过控制器参数整定,才能使系统运行在最佳状态。

从整体上看,串级控制系统的主回路是一个定值控制系统,要求主变量有较高的控制精度,其控制品质的要求与简单定值控制系统控制品质的要求相同;但就一般情况而言,串级控制系统的副回路是为提高主回路的控制品质而引入的一个随动系统,因此,对副回路没有严格的控制品质的要求,只要求副变量能够快速、准确地跟踪主控制器的输出变化,即作为随动控制系统考虑。这样对副控制器的整定要求不高,从而可以使整定简化。

串级控制系统的整定方法比较多,有逐步逼近法、两步整定法和一步整定法等。整定的顺序都是先整副环后整主环,这是它们的共同点。在此仅介绍目前在工程上常用的两步整定法和一步整定法。

一、两步整定法

所谓两步整定法就是整定分两步进行,先整定副环,再整定主环。具体步骤如下:

① 在工况稳定,主、副回路闭合,主、副控制器都在纯比例作用的条件下,将主控制器的比例度先置于100%的刻度上,用简单控制系统的整定方法按某一衰减比(如4∶1)整定副环,求取副控制器的比例度 δ_{2s} 和振荡周期 T_{2s}。

② 将副控制器的比例度置于所求的数值 δ_{2s} 上,把副回路作为主回路中的一个环节,用同样的方法整定主回路以达到相同的衰减比,求得主控制器的比例度 δ_{1s} 和振荡周期 T_{1s}。

③ 根据所得到的 δ_{1s}、T_{1s}、δ_{2s}、T_{2s} 数值,结合主、副控制器的选型,按前面简单控制系统整定时所给出的衰减曲线法经验公式,计算出主、副控制器的比例度 δ、积分时间 T_I 和微分时间 T_D。

④ 按"先副环后主环""先比例次积分最后微分"的整定顺序,将上述计算所得的控制器参数分别加到主、副控制器上。

⑤ 观察主变量的过渡过程曲线,如不满意,可对整定参数做适当调整,直到获得满意的过渡过程为止。

二、一步整定法

两步整定法虽能满足主、副变量的要求,但要分两步进行,需寻求两个4∶1的衰减振荡过程,比较烦琐,且较为费时。为了简化步骤,串级控制系统中主、副控制器的参数整定可以采用一步整定法。

所谓一步整定法,就是根据经验先将副控制器参数一次放好,不再变动,然后按照一般简单控制系统的整定方法,直接整定主控制器参数。

一步整定法的依据是:在串级控制系统中,一般来说,主变量是工艺的主要操作指标,直接关系到产品的质量或生产过程的正常运行,因此,对它的要求比较严格。而副变量的设置主要是为了提高主变量的控制质量,对副变量本身没有很高的要求,允许它在一定范围内变化。因此,在整定时不必将过多的精力放在副环上,只要根据经验把副控制器的参数置于一定数值后,一般不再进行调整。集中精力整定主环,使主变量达到规定的质量指标要求即可。虽然按照经验一次设置的副控制器参数不一定合适,但是这没有关系,因为对于一个具体的串级系统来说,在一定范围内,主、副控制器的放大系数是可以互相匹配的。如果副控制器的放大系数(比例度)不合适,可以通过调整主控制器的放大系数(比例度)来进行补偿,结果仍然可使主变量实现4∶1的衰减振荡过程。经验表明,这种整定方法对于对主变量精度要求较高,而对副变量没有什么要求或要求不严,允许它在一定范围内变化的串级控制系统是很有效的。

人们根据长期实践和大量的经验积累,总结得出副控制器在不同副变量情况下的经验比例度取值范围,如表4.1所示。

表 4.1　副控制器比例度经验值

副变量类型	温度	压力	流量	液位
比例度/%	20～60	30～70	40～80	20～80

一步整定法的整定步骤如下：

① 在生产正常、系统为纯比例运行的条件下，按照表 4.1 所列的经验数据，将副控制器的比例度调到某一适当的数值。

② 将串级系统投运后，按简单控制系统的某种参数整定方法直接整定主控制器参数。

③ 观察主变量的过渡过程，适当调整主控制器参数，使主变量的品质指标达到规定的质量要求。

④ 如果系统出现"共振"现象，可加大主控制器或减小副控制器的任一比例度值，一般即能消除。如果"共振"剧烈，可先转入手动，待生产稳定后，再在比产生"共振"时略大的控制器比例度下重新投运和整定，直到满意为止。

4.1.5　串级控制系统的应用范围

串级控制系统与简单控制系统相比具有许多特点，其控制质量较高，但是所用仪表较多，投资较高，控制器参数整定较复杂。所以在工业应用中，凡用简单控制系统能满足生产要求的，就不要使用串级控制系统。串级控制有时效果显著，有时效果并不一定理想，串级控制系统只有在下列情况下使用，它的特点才能充分发挥。

一、用于具有较大纯滞后的过程

一般工业过程均具有纯滞后，而且有些比较大。当工业过程纯滞后时间较长，用简单控制系统不能满足工艺控制要求时，可考虑采用串级控制系统。其设计思路是在离控制阀较近、纯滞后较小的地方选择一个副变量，构成一个控制通道短且纯滞后较小的副回路，把主要扰动纳入副回路中。这样就可以在主要扰动影响主变量之前，由副回路对其实施及时控制，从而大大减小主变量的波动，提高控制质量。

应该指出的是，利用副回路的超前控制作用来克服过程的纯滞后仅仅是对二次扰动而言的。当扰动从主回路进入时，这一优越性就不存在了。这是因为一次扰动不直接影响副变量，只有当主变量改变以后，控制作用通过较大的纯滞后才能对主变量起控制作用，所以对改善控制品质作用不大。

例如，如图 4.8 所示为锅炉过热蒸汽温度串级控制系统。

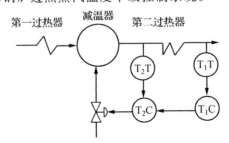

图 4.8　锅炉过热蒸汽温度串级控制系统

锅炉是石油化工、发电等工业过程中必不可少的重要动力设备。它所产生的高压蒸汽既可作为驱动透平的动力源,又可作为精馏、干燥、反应、加热等过程的热源。锅炉设备的控制任务是根据生产负荷的需要,供应一定压力或温度的蒸汽,同时要使锅炉在安全、经济的条件下运行。

锅炉的蒸汽过热系统包括一级过热器、减温器、二级过热器。工艺要求选取过热蒸汽温度为被控变量,减温水流量作为操纵量,使二级过热器出口温度 T_1 维持在允许范围内,并保护过热器,使管壁温度不超过允许的工作温度。

影响过热蒸汽温度的扰动因素很多,如蒸汽流量、燃烧工况、减温水量、流经过热器的烟气温度和流速等的变化都会影响过热蒸汽温度。在各种扰动下,蒸汽温度控制过程动态特性都有较大惯性和纯滞后,这给控制带来一定困难,所以要选择合理的控制方案,以满足工艺要求。

根据工艺要求,如果以二级过热器出口温度 T_1 作为被控变量,选取减温水流量作为操纵量组成简单控制系统,由于控制通道的时间常数及纯滞后均较大,则往往不能满足生产的要求。因此,常采用图 4.5 所示的串级控制系统,以减温器出口温度 T_2 作为副变量,将减温水压力波动等主要扰动纳入纯滞后极小的副回路,利用副回路具有较强的抗二次扰动能力这一特点将其克服,从而提高对过热蒸汽温度的控制质量。

二、用于具有较大容量滞后的过程

在工业生产中,有许多以温度或质量参数作为被控变量的控制过程,其容量滞后往往比较大,而生产上对这些参数的控制要求又比较高。如果采用简单控制系统,则因容量滞后 τ_C 较大,对控制作用反应迟钝而使超调量增大,过渡过程时间长,其控制质量往往不能满足生产要求。如果采用串级控制系统,可以选择一个滞后较小的副变量组成副回路,使等效副过程的时间常数减小,以提高系统的工作频率,加快响应速度,增强抗各种扰动的能力,从而获得较好的控制质量。但是,在设计和应用串级控制系统时要注意:副回路时间常数不宜过小,以防止包括的扰动太少;但也不宜过大,以防止产生共振。副变量要灵敏可靠,有代表性,否则串级控制系统的特点达不到充分发挥,控制质量仍然不能满足要求。

仍以前面图 4.2 所示的炼油厂加热炉出口温度与炉膛温度串级控制系统为例。

加热炉的时间常数长达 15 min 左右,扰动因素较多。若使得简单控制系统不能满足要求的主要扰动除燃料压力波动外,燃料热值的变化、被加热物料流量的波动、烟囱挡板位置的变化、抽力的变化等也是不可忽视的因素时,为了提高控制质量,可选择时间常数和滞后较小的炉膛温度为副被控变量,构成加热炉出口温度对炉膛温度的串级控制系统,利用串级控制系统能使等效副对象的时间常数减小这一特点,改善被控过程的动态特性,充分发挥副回路的快速控制作用,有效地提高控制质量,满足生产工艺要求。

三、用于存在变化剧烈和较大幅值扰动的过程

在分析串级控制系统的特点时已指出,串级控制系统对于进入副回路的扰动具有较强的抑制能力。所以,在工业应用中只要将变化剧烈且幅值大的扰动包含在串级系统的副回路中,就可以大大减小其对主变量的影响。

例如,某厂精馏塔提馏段塔釜温度的串级控制。

精馏塔是石油、化工等众多生产过程中广泛应用的主要工艺设备。精馏操作的机理是利用混合液中各成分挥发度的不同,将成分进行分离并分别达到规定的纯度要求。

某精馏塔为了保证塔底产品符合质量要求,以塔釜温度作为控制指标,生产工艺要求塔釜温度控制在$-1.5℃\sim +1.5℃$范围内。在实际生产过程中,蒸汽压力变化剧烈,而且幅度大,有时从 0.5 MPa 突然降到 0.3 MPa,压力变化了 40%。对于如此大的扰动作用,若采用简单控制系统,在达到最好的整定效果时,塔釜温度的最大偏差仍达 10℃ 左右,无法满足生产工艺要求。

若采用图 4.9 所示的以蒸汽流量为副变量、塔釜温度为主变量的串级控制系统,把蒸汽压力变化这个主要扰动包括在副回路中,充分运用串级控制系统对于进入副回路的扰动具有较强抑制能力的特点,并把副控制器的比例度调到 20%,实际运行表明,塔釜温度的最大偏差不超过 1.5℃,完全满足生产工艺要求。

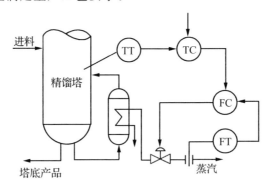

图 4.9 精馏塔塔釜温度与蒸汽流量控制系统

四、用于具有非线性特性的过程

一般工业过程的静态特性都有一定的非线性,负荷的变化会引起工作点的移动,导致过程的静态放大系数发生变化。当负荷比较稳定时,这种变化不大,因此可以不考虑非线性的影响,可使用简单控制系统。但当负荷变化较大且频繁时,就要考虑它所造成的影响了。因负荷变化频繁,显然用重新整定控制器参数来保证系统的稳定性是行不通的。虽然可通过选择控制阀的特性来补偿,使整个广义过程具有线性特性,但常常受到控制阀品种等各种条件的限制,这种补偿也是不完全的,此时简单控制系统往往不能满足生产工艺要求。有效的办法是利用串级控制系统对操作条件和负荷变化具有一定自适应能力的特点,将被控对象中具有较大非线性的部分包括在副回路中,当负荷变化而引起工作点移动时,由主控制器的输出自动地重新调整副控制器的设定值,继而由副控制器的控制作用来改变控制阀的开度,使系统运行在新的工作点上。虽然这样会使副回路的衰减比有所改变,但它的变化对整个控制系统的稳定性影响较小。

例如,醋酸乙炔合成反应器中部温度与换热器出口温度串级控制系统。

如图 4.10 所示的醋酸乙炔合成反应器,其中部温度是保证合成气质量的重要参数,工艺要求对其进行严格控制。由于在它的控制通道中包括了两个换热器和一个合成反应器,当醋酸和乙炔混合气流量发生变化时,换热器的出口温度随着负荷的减小而显著地升高,并呈明显的非线性变化,因此整个控制通道的静态特性随着负荷的变化而变化。

如果选取反应器中部温度为主变量,换热器出口温度为副变量构成串级控制系统,将具有非线性特性的换热器包括在副回路中,由于串级控制系统对于负荷的变化具有一定的自适应能力,从而提高了控制质量,达到了工艺要求。

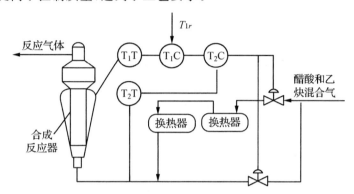

图 4.10　合成反应器中部温度与换热器出口温度串级控制系统

综上所述,串级控制系统的适用范围比较广泛,尤其是当被控过程滞后较大或具有明显的非线性特性、负荷和扰动变化比较剧烈的情况下,单回路控制系统不能胜任的工作,串级控制系统则显示出了它的优越性。但是,在具体设计系统时应结合生产要求及具体情况,抓住要点,合理地运用串级控制系统的优点。否则,不加分析地到处套用,不仅会造成设备的浪费,而且也得不到预期的效果,甚至会引起控制系统的失调。

4.2　前馈控制系统

前述的单回路控制系统、串级控制系统,都是有反馈的闭环控制系统,其特点是当被控过程受到扰动后,必须等到被控参数出现偏差时,控制器才产生调节信号以补偿扰动对被控参数的影响。可见反馈控制系统是基于偏差的调节,倘若能在扰动出现时就进行控制,而不是等到偏差发生后再进行控制,这样的控制方案一定可以更快、更有效地消除扰动对被控参数的影响。前馈控制正是基于这种思路提出来的。

4.2.1　前馈控制原理

反馈控制的特点在于控制作用总是出现在被控变量有偏差之后,因此,反馈控制作用总是落后于扰动作用,控制很难及时。即便是采用微分控制,虽然可用来克服对象及环节的惯性滞后(时间常数)T和容量滞后τ,但是此方法不能克服纯滞后时间τ_0。

前馈控制与反馈控制不同,它是按照引起被控变量变化的扰动大小进行控制的。在这种控制系统中,当扰动刚刚出现而又能测出时,前馈控制器便发出调节信号使控制量作相应的变化,在偏差产生以前,通过控制及时抵消干扰。因此,前馈控制对扰动的抑制要比反馈控制快。

下面以换热器温度控制为例,说明前馈控制原理及其与反馈控制的区别。换热器就是通过其中的排管把蒸汽的热量传递给排管内流过的被加热物料,从而将冷物料加热到一定温度。通常将热物料的出口温度 T_2 设为被控变量,它通过调节蒸汽量 q_D 来加以调节。引起热物料出口温度变化的干扰有冷物料的流量 q、入口温度 T_1、蒸汽压力 P_D 等,其中最主要的扰动是冷物料的流量 q。

若采用换热器温度反馈控制系统(图 4.11),当扰动发生变化时,会引起出口温度 T_2 发生变化,偏离设定值 T_{2r},随之温度(反馈)控制器根据偏差大小产生控制作用,通过调节阀改变加热用蒸汽的流量 q_D,从而补偿干扰对出口温度 T_2 的影响。但是由于热交换过程的容量滞后特性,会导致出口温度存在较大的动态偏差。

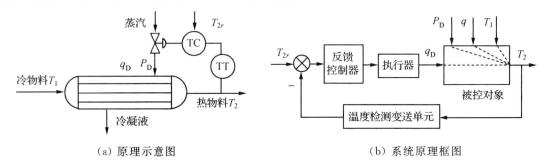

(a) 原理示意图　　　　　　　　(b) 系统原理框图

图 4.11　换热器温度反馈控制系统

假设换热器的物料流量变化较大且频繁,为及时抑制其对出口温度的影响,构成如图 4.12 所示的前馈控制系统。当原料流量增加时,通过被控过程中的扰动通道[如图 4.12(b) 中虚线所示]使出口温度降低;同时,通过由前馈控制器等构成的前馈控制通道产生控制作用,增加蒸汽流量,使出口温度升高。如果控制作用合适,就可以使出口温度不受物料流量这一扰动的影响。

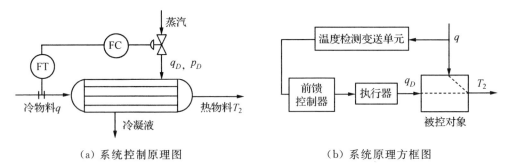

(a) 系统控制原理图　　　　　　　　(b) 系统原理方框图

图 4.12　换热器前馈控制系统

前馈控制系统框图如图 4.13 所示,设 $G_f(s)$ 为扰动通道的传递函数,$G_o(s)$ 为控制通道的传递函数,$G_{ff}(s)$ 为前馈补偿控制单元的传递函数,如果把扰动值(进料流量)测量出来,并通过前馈补偿控制单元进行控制,则

$$Y(s) = G_f(s)F(s) + G_{ff}(s)G_o(s)F(s) = [G_f(s) + G_{ff}(s)G_o(s)]F(s) \qquad (4.27)$$

为了使扰动对系统输出的影响为零,应满足

第 4 章 复杂控制系统

$$G_f(s) + G_{ff}(s)G_o(s) = 0 \quad (4.28)$$

即

$$G_{ff}(s) = -\frac{G_f(s)}{G_o(s)} \quad (4.29)$$

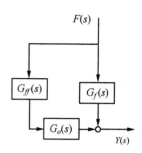

图 4.13 前馈控制系统框图

式(4.29)即为完全补偿时的前馈控制器模型。由此可见,前馈控制的好坏与扰动特征和对象模型密切相关。对于精确的对象与扰动数学模型,前馈控制系统可以做到无偏差控制。然而,这只是理论上的结果。在实际过程中,由于过程模型的时变性、非线性以及扰动的不可完全预见性等影响,前馈控制只能在一定程度上补偿扰动对被控变量的影响。

4.2.2 前馈控制系统的特点及局限性

一、前馈控制系统的特点

1. 前馈控制是一种开环控制

如图 4.12 所示的系统中,当测量到冷物料流量变化的信号后,通过前馈控制器,其输出信号直接控制调节阀的开度,从而改变加热蒸汽的流量。但加热器出口温度并不反馈回来,它是否被控制在原来的数值上是得不到检验的。所以,前馈控制是一种开环控制,这一点从某种意义上来说是前馈控制的不足之处。因此,前馈控制对被控对象的特性掌握必须比反馈控制清楚,才能得到一个较合适的前馈控制作用。

2. 前馈控制是一种按扰动大小进行补偿的控制

当扰动一出现,前馈控制器就检测到其变化情况,及时有效地抑制扰动对被控变量的影响,而不是像反馈控制那样,要待被控变量产生偏差后再进行控制。在理论上,前馈控制可以把偏差彻底消除。如果控制作用恰到好处,一般比反馈控制要及时。这个特点也是前馈控制的一个主要特点。基于这个特点,可把前馈控制与反馈控制做如下比较,如表 4.2 所示。

表 4.2 前馈控制与反馈控制的比较

控制类型	控制的依据	检测的信号	控制作用的发生时间
反馈控制	被控变量的偏差	被控变量	偏差出现后
前馈控制	扰动量的大小	扰动量	偏差出现前

3. 前馈控制使用的是视对象特性而定的"专用"控制器

一般的反馈控制系统均采用通用类型的 P、PI、PD、PID 控制器,而前馈控制器的控制规律为对象的扰动通道与控制通道的特性之比,如式(4.29)所示。

4. 一种前馈控制作用只能克服一种扰动

由于前馈控制作用是按扰动进行工作的,而且整个系统是开环的,因此根据一种扰动而设置的前馈控制只能克服这一扰动,而对于其他扰动,由于这个前馈控制器无法检测到,也就无能为力了;而反馈控制就可克服多个扰动。所以这一点也是前馈控制系统的一个弱点。

5. 前馈控制只能抑制可测不可控的扰动对被控变量的影响

如果扰动是不可测的,那就不能进行前馈控制;如果扰动是可测可控的,则只要设计一个定值控制系统,而无须采用前馈控制。

二、前馈控制系统的局限性

前馈控制虽然是减少被控变量动态偏差的一种有效的方法,但实际上,它却做不到对扰动的完全补偿,主要原因如下:

① 在实际工业生产过程中,影响被控变量的扰动因素很多,不可能对每个扰动都设计一套独立的前馈控制器。

② 对不可测的扰动无法实现前馈控制。

③ 前馈控制器的控制规律取决于控制通道传递函数 $G_o(s)$ 和扰动通道传递函数 $G_f(s)$,而 $G_o(s)$ 和 $G_f(s)$ 的精确值很难得到,即便得到有时也很难实现。

因此,前馈控制往往不能单独使用,为了获得满意的控制效果,合理的控制方案是把前馈控制和反馈控制结合起来,组成前馈-反馈复合控制系统。这样,一方面,利用前馈控制有效地减少主要扰动对被控变量的影响;另一方面,利用反馈控制使被控变量稳定在设定值上,从而保证系统具有较高的控制质量。

4.2.3 前馈控制系统的几种主要结构形式

一、静态前馈控制系统

所谓静态前馈控制,就是指前馈控制器的控制规律为比例特性,即

$$G_{ff}(s) = -\frac{G_f(s)}{G_o(s)} = -\frac{K_f}{K_o} = -K_{ff} \tag{4.30}$$

式中,K_f、K_o 分别为扰动通道和控制通道的静态增益。

此时,静态前馈控制器为一比例控制器,其大小是根据过程扰动通道的静态放大系数和过程控制通道的静态放大系数决定的。静态前馈控制的控制目标是在稳态下实现对扰动的补偿,即使被控变量最终的静态偏差接近或等于零,而不考虑由于两通道时间常数的不同而引起的动态偏差。在扰动变化不大或对补偿(控制)要求不高的生产过程中,可采用静态前馈控制系统。

二、动态前馈控制系统

如前所述,静态前馈控制是为了保证被控变量的静态偏差接近或等于零,而不能保证被控变量的动态偏差接近或等于零。当需要严格控制动态偏差时,则要采用动态前馈控制,即式(4.29)所示:$G_{ff}(s) = -G_f(s)/G_o(s)$,它与时间因子 t 有关,必须采用专门的控制器。

采用动态前馈后,由于它几乎每时每刻都在补偿扰动对被控量的影响,故能极大地提高控制过程的动态品质,是改善控制系统品质的有效手段。

动态前馈控制方案虽能显著地提高系统的控制品质,但是动态前馈控制器的结构往往比较复杂,需要专门的控制装置,甚至使用计算机才能实现,且系统运行、参数整定也比较复杂。因此,只有当工艺上对控制精度要求极高、其他控制方案难以满足时,才考虑使用动态

前馈方案。

三、前馈-反馈复合控制系统

单纯的前馈往往不能很好地补偿扰动,存在不少局限性。主要表现在:不存在被控变量的反馈,无法检验被控变量的实际值是否为希望值;不能克服其他扰动引起的误差。为了解决这一局限性,可以将前馈与反馈结合起来使用,构成前馈-反馈控制系统,以达到既能发挥前馈控制校正及时的特点,又保持了反馈控制能克服多种扰动并能始终对被控变量予以检验的优点。

由图 4.14 可见,当冷物料(生产负荷)发生变化时,前馈控制器及时发出控制命令,补偿冷物料流量变化对换热器出口温度的影响;同时,对于未引入前馈控制的冷物料的温度、蒸汽压力等扰动,其对出口温度的影响则由 PID 反馈控制器来克服。前馈作用加反馈作用,使得换热器的出口温度稳定在设定值上,获得较理想的控制效果。

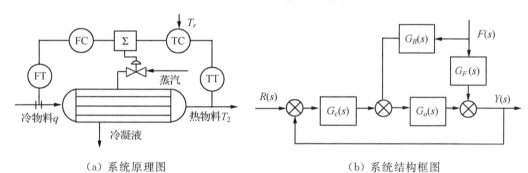

(a) 系统原理图 (b) 系统结构框图

图 4.14 换热器温度前馈-反馈复合控制

在前馈-反馈复合控制系统中,控制输入 $R(s)$、扰动输入 $F(s)$ 对输出的共同影响为

$$Y(s) = \frac{G_c(s)G_o(s)}{1+G_c(s)G_o(s)}R(s) + \frac{G_f(s)+G_{ff}(s)G_o(s)}{1+G_c(s)G_o(s)}F_1(s) \tag{4.31}$$

如果要实现对扰动 $F(s)$ 的完全补偿,则上式的第二项应为零,即

$$G_f(s) + G_{ff}(s)G_o(s) = 0, \text{ 或 } G_{ff}(s) = -\frac{G_f(s)}{G_o(s)} \tag{4.32}$$

可见,前馈-反馈复合控制系统对扰动 $F(s)$ 实现完全补偿的条件与开环前馈控制相同,所不同的是扰动 $F(s)$ 对输出的影响要比开环前馈控制的情况下小 $\frac{1}{1+G_c(s)G_o(s)}$,这是由于反馈控制起作用的结果。这就表明,本来经过开环补偿以后输出的变化已经不太大了,再经过反馈控制进一步减小了 $\frac{1}{1+G_c(s)G_o(s)}$,从而充分体现了前馈-反馈复合控制的优越性。

此外,由式(4.31)可知,复合控制系统的特征方程式为

$$1 + G_c(s)G_o(s) = 0 \tag{4.33}$$

这一特征方程式只和 $G_c(s)$、$G_o(s)$ 有关,而与 $G_{ff}(s)$ 无关,即与前馈控制器无关。这就说明,加入前馈控制器并不影响系统的稳定性,系统的稳定性完全取决于闭环控制回路。这就给设计工作带来很大的方便。在设计复合控制系统时,可以先根据闭环控制系统的设计

方法进行,可暂不考虑前馈控制器的作用,使系统满足一定的稳定性要求和一定的过渡过程品质要求。当闭环系统确定以后,再根据不变性原理设计前馈控制器,从而进一步消除扰动对输出的影响。

四、前馈-串级复合控制系统

在工业生产中,有些生产过程受到多个变化频繁且剧烈的扰动影响,且对被控变量的控制质量和稳定性要求较高,此时常采用前馈-串级复合控制系统。

如图 4.15 所示为炼油装置上的加热炉。加热炉出口温度 T 为被控变量,燃料油流量 q_B 为控制量。考虑到燃料油流量 q_B 波动较频繁,且反映到出口温度变化的容量滞后较大,为此,将其作为副被控变量,与出口温度构成串级控制。由于进料流量 q_F 经常发生变化,因此作为主要扰动采用前馈控制加以抑制。由此,结合上述两部分控制功能,得到加热炉前馈-串级复合控制系统。

由图 4.15 可见,串级控制系统对进入副回路的扰动具有较强的抑制能力,前馈控制能及时克服进入主回路的主要扰动。另外,由于前馈控制器的输出不直接作用于控制阀,而是与主控制器的输出共同作为副控制器的设定值,因而可以降低对控制阀的性能要求。

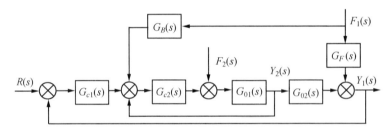

图 4.15 加热炉温度前馈-反馈复合控制结构框图

在前馈-串级复合控制系统中,假设副回路的等效传递函数为 $G_{02}^*(s)$,则给定输入 $R(s)$ 和扰动输入 $F_1(s)$ 对输入 $Y_1(s)$ 的共同影响为

$$Y_1(s) = \frac{G_{c1}(s)G_{01}(s)G_{02}^*(s)}{1+G_{c1}(s)G_{01}(s)G_{02}^*(s)}R(s) + \frac{G_F(s)+G_B(s)G_{01}(s)G_{02}^*(s)}{1+G_{c1}(s)G_{01}(s)G_{02}^*(s)}F_1(s) \quad (4.34)$$

根据不变性原理,要实现对扰动 $F_1(s)$ 的完全补偿,式(4.34)的第二项应为零,即

$$\frac{G_F(s)+G_B(s)G_{01}(s)G_{02}^*(s)}{1+G_{c1}(s)G_{01}(s)G_{02}^*(s)} = 0 \quad (4.35)$$

经整理,有

$$G_B(s) = -\frac{G_F(s)}{G_{01}(s)G_{02}^*(s)} \quad (4.36)$$

当副回路的工作频率远远大于主回路的工作频率时,副回路是一个快速随动系统,具有近似传递函数 $G_{02}^* \approx 1$。于是得到前馈控制器的近似函数为

$$G_B(s) \approx -\frac{G_F(s)}{G_{01}(s)} \quad (4.37)$$

可见,前馈控制器可由干扰通道特性和主被控过程特性来确定。

4.2.4 前馈控制系统的选用原则及应用

一、前馈控制系统的选用原则

① 当系统中存在变化频率高、幅值大、可测而不可控的干扰，且反馈控制难以克服此类干扰对被控变量的影响，而工艺生产对被控变量的要求又十分严格时，为了改善和提高系统的控制品质，可以引入前馈控制。

② 当过程控制通道的时间常数比干扰通道的时间常数大，且反馈控制不及时而导致控制质量较差时，可以选用前馈控制，以提高控制质量。

③ 当主要干扰无法用串级控制使其包含在副回路内或者副回路滞后过大时，串级控制系统克服干扰的能力就比较差，此时选用前馈控制能获得很好的控制效果。

二、前馈控制系统的应用

前馈控制已被广泛应用于石油、化工、电力、冶金等工业生产过程的控制中。目前，前馈-反馈、前馈-串级复合控制系统已成为改善系统控制质量的重要方法。下面介绍几个工业应用实例。

1. 蒸发过程的浓度控制

蒸发是一个借加热作用使溶液浓缩或使溶质析出的物理操作过程。它在轻工、化工等生产过程中得到了广泛的应用，如造纸、制糖、海水淡化、烧碱等生产过程，都必须经过蒸发操作。在蒸发过程中，产品的浓度是影响其质量的关键指标，需要加以控制。

下面以葡萄糖生产过程中蒸发器浓度控制为例，介绍前馈-反馈复合控制在蒸发过程中的应用。

如图 4.16 所示，初蒸浓度为 50% 的葡萄糖液，用泵送入升降模式蒸发器，经蒸汽加热蒸发至 73% 的葡萄糖液，然后送至后道工序结晶。由蒸发工艺可知，在给定压力下，溶液的浓度与溶液的沸点和水的沸点之差（即温差）有较好的单值对应关系，所以选用温差这一间接参数作为被控变量，以反映溶液浓度的高低。

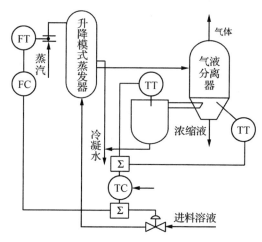

图 4.16 蒸发过程中浓度前馈-反馈复合控制

分析表明,影响温度(葡萄糖浓度)的因素有:进料溶液的浓度、温度和流量,加热蒸汽的压力和流量等,其中对温度影响最大的是进料溶液的流量和加热蒸汽的流量。为此,以加热蒸汽流量作为前馈信号、以温差作为被控变量、进料溶液作为控制变量,构成前馈-反馈复合控制系统,如图4.16所示。实际运行表明,该系统的控制质量能满足工艺要求。

2. 锅炉锅筒水位控制

锅炉是现代工业生产中的重要动力设备。在锅炉的正常运行中,锅筒水位是其主要工艺指标。锅筒水位过高,会使蒸汽带液,不仅会降低蒸汽的产量和质量,还会损坏汽轮机叶片;锅筒水位过低,会影响汽水平衡,甚至使锅炉烧干而引起爆炸。所以为保证锅炉的正常安全运行,必须维持锅炉锅筒水位的基本恒定,即稳定在允许范围内。

锅炉锅筒水位控制的任务是使给水量能适应蒸汽量的需求,并保持锅筒水位在规定的工艺范围内。因此,锅筒水位是被控变量。引起锅筒水位变化的主要因素有:蒸汽用量和给水流量。蒸汽用量是负荷,随用户需要而变化,为不可控因素;给水流量可以作为控制量,从而构成锅筒水位控制系统。

但由于锅炉锅筒在运行过程中存在"虚假水位"现象,即在燃料量不变的情况下,当蒸汽用量(负荷)突然增加时,会使锅筒内的压力突然降低、水的沸腾加剧,加速汽化,使气泡突然大量增加。由于气泡的体积比同重量水的体积大很多倍,结果形成锅筒内水位升高的假象。反之,当蒸汽用量突然减少时,锅筒内蒸汽压力急剧上升,水的沸腾程度降低,造成水位瞬时下降的假象。为避免"虚假水位"造成的误动作,通常采用蒸汽量作为前馈信号,锅筒水位作为主被控变量,给水流量作为副被控变量,构成前馈-串级复合控制系统,如图4.17所示。本系统不但能通过副回路及时克服给水压力等干扰,而且还能实现对蒸汽负荷的前馈控制,克服虚假水位的影响,从而保证锅筒水位的控制质量。

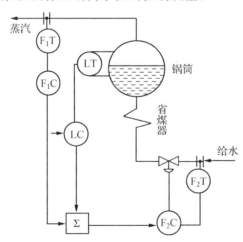

图 4.17　锅筒水位前馈-串级复合控制系统

4.2.5　前馈控制系统的整定

前馈控制系统整定的主要任务是确定反馈控制器(针对前馈-反馈控制系统或前馈-串

级控制系统)和前馈控制器的参数。确定前馈控制器的方法与反馈控制器类似,也主要有理论计算法和工程整定法。其中,如前所述的理论计算法是通过建立物质平衡方程或能量平衡方程,然后求取相应参数。实际上,往往理论计算法所得参数与实际系统相差较大,精确性较差,甚至有时前馈控制器的理论整定难以进行。因此,工程应用中广泛采用工程整定法。

一、静态前馈控制系统的工程整定

静态前馈控制系统就是确定静态前馈控制器的静态前馈系数 K_{ff},它主要有以下三种方法:

① 实测扰动通道和控制通道的增益,然后相除就可得到静态前馈控制器的增益 K_{ff}。

② 对于如图 4.18 所示的系统,当无前馈控制(图中开关处于打开状态)时,设系统在输入为 r_1(对应的控制变量为 u_1)、扰动为 f_1 的作用下,系统输出为 y_1。改变扰动为 f_2 后,调节输入为 r_2(对应的控制变量为 u_2),以维持系统输出 y_1 不变。则所求的静态前馈系数 K_{ff} 为

$$K_{ff} = \frac{u_2 - u_1}{f_2 - f_1} \tag{4.38}$$

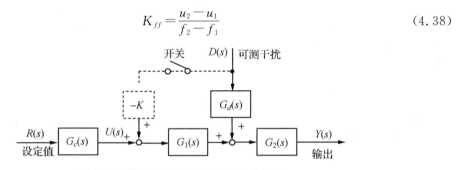

图 4.18 静态前馈控制系统整定方框图

③ 若系统允许,则也可以按图 4.18 所示进行现场调节。首先,系统无前馈控制(图中开关处于打开状态)时,在输入为 r_1(对应的控制变量为 u_1)、扰动为 f_1 的作用下,系统输出为 y_1。然后,关闭开关,调节前馈补偿增益 K,使系统的输出恢复为 y_1,此时的 K 值即为所求的静态前馈系数 K_{ff}。

二、动态前馈控制系统的工程整定

当采用动态前馈控制时,需确定超前-滞后环节的参数,它也有以下两种方法:

① 由实验法得到扰动通道和控制通道的带纯迟延的阶惯性传递函数,其中控制通道的对象包含扰动量的测量变送装置、执行器和被控对象。当扰动量是流量时,可用实测的执行器和被控对象的传递函数近似;当扰动量不是流量或动态时间常数较大时,应实测扰动量作用时,测量变送装置的传递函数,然后确定动态前馈的超前滞后环节的参数 T_{f1} 和 T_{f2}。

② 经验法的系统方框图如图 4.19 所示,整定分为系数整定和时间常数整定两步。

第一步:系数 K_f 的整定。

当系数整定时,令 $T_{f1}=0$ 和 $T_{f2}=0$,并将系统时间常数和纯迟延均设为零,即不考虑时间的影响。此时,动态前馈控制相当于静态前馈控制,系数的整定方法同前。

第二步:时间常数 T_{f1} 和 T_{f2} 的整定。

在静态前馈系数整定的基础上,对时间常数进行整定。动态前馈的超前-滞后环节的参

数整定比较困难。在整定时,首先,要判别系统扰动通道和前馈通道的超前与滞后关系。其次,利用超前或滞后关系确定超前-滞后环节中两个时间常数的大小关系,即若起超前补偿作用,$T_{f1}>T_{f2}$;若起滞后补偿作用,$T_{f1}<T_{f2}$。最后就是逐步细致地调整系数 $T_{f1}>T_{f2}$,使系统的输出 $y(t)$ 的振荡幅度最小。

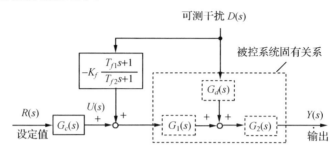

图 4.19 动态前馈控制系统整定方框图

三、前馈-反馈和前馈-串级控制系统的工程整定

前馈-反馈控制系统和前馈-串级控制系统的工程整定主要有两种方法:一是前馈控制系统和反馈或串级控制系统分别整定,各自整定好参数后再把两者组合在一起;二是首先整定反馈或串级控制系统,然后再在整定好的反馈或串级控制系统基础上,引入并整定前馈控制系统。

1. 前馈控制系统和反馈或串级控制系统分别整定

整定前馈控制时,不接入反馈或串级控制。前馈控制的整定方法与静态前馈控制或动态前馈控制相同。

整定反馈或串级控制时,不引入前馈控制。它们的整定方法也与简单控制系统和串级控制系统相同。

前馈控制和反馈或串级控制分别整定好后,将它们组合在一起即可。

2. 先整定反馈或串级控制系统,后整定前馈控制系统

前馈反馈控制系统和前馈-串级控制系统的工程整定方法基本相同,下面针对前馈-反馈控制系统的整定过程予以介绍,整定系统图如图 4.20 所示。

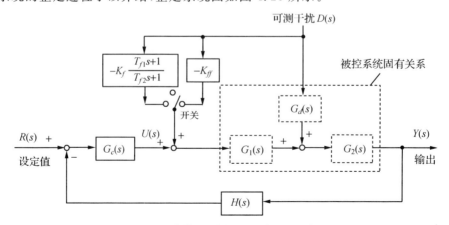

图 4.20 前馈-反馈控制系统整定方框图

(1) 整定反馈或串级控制

当整定反馈或串级控制系统时,将图 4.20 中的开关置于中间位置。反馈或串级控制的整定方法与简单控制系统或串级控制系统相同。

(2) 整定静态前馈系数

当整定静态前馈控制时,首先把图 4.20 中的开关置于右侧,将静态前馈系数引入控制系统。然后保证系统的设定值端信号不变,干扰端产生一个阶跃扰动信号。整定的过程就是逐步调整静态前馈系数使系统的输出减小振荡幅度的过程,系统输出的振荡幅度为最小时的静态前馈系数即为所求。

(3) 整定动态前馈的超前-滞后环节的参数

当整定动态前馈控制时,首先把图 4.20 中的开关置于左侧,将超前-滞后环节引入控制系统。首先,要判别系统扰动通道和前馈通道的超前与滞后关系;其次,利用超前或滞后关系确定超前-滞后环节中两个时间常数的大小关系;最后,就是逐步调整各系数使系统的输出振荡幅度最小。

4.3 比值控制系统

4.3.1 比值控制系统

工业生产过程中,经常需要两种或两种以上的物料按一定比例混合或进行反应。一旦比例失调,就会影响生产正常进行,影响产品质量,浪费原料,消耗动力,造成环境污染,甚至造成生产事故。最常见的是燃烧过程,燃料与空气要保持一定的比例关系,才能满足生产和环保的要求;造纸过程中,浓纸浆与水要以一定的比例混合,才能制造出合格的纸浆;许多化学反应的诸个进料要保持一定的比例。因此,凡是用来实现两种或两种以上的物料流量自动地保持一定比例关系以达到某种控制目的的控制系统,称为比值控制系统。

比值控制系统是控制两种物料流量比值的控制系统,一种物料需要跟随另一物料流量变化。在需要保持比例关系的两种物料中,必有一种物料处于主导地位,称此物料为主动量(或主物料),用 F_1 表示;而另一种物料以一定的比例随 F_1 的变化而变化,称为从动量(或从物料),用 F_2 表示。由于主、从物料均为流量参数,故又分别称为主流量和副流量。例如,在燃烧过程的比值控制系统中,当燃料量增加或减少时,空气流量也要随之增加或减少,因此,燃料量应为主动量,而空气量则为从动量。比值控制系统就是要实现从动量 F_2 与主动量 F_1 的对应比值关系,即满足关系式:

$$\frac{F_2}{F_1}=K \tag{4.39}$$

式中,K 为从动量与主动量的比值。

由此可见,在比值控制系统中,从动量是跟随主动量变化的物料流量,因此,比值控制系统实际上是一种随动控制系统。

4.3.2 比值控制系统的类型

一、单闭环比值控制

如图 4.21 所示为单闭环比值控制系统框图。由图可见,从动量 Q_2(Q 是 q 的频域量,下标不变)是一个闭环随动控制系统,主动量 Q_1 却是开环的。Q_1 的检测值经比值器 $G_{c1}(s)$ 作为 Q_2 的给定值,所以 Q_2 能按给定比值 K 跟随 Q_1 变化。当 Q_1 不变而 Q_2 受到扰动时,则可通过 Q_2 的闭合回路进行定值控制,使 Q_2 调回到与 Q_1 成比例的给定值上,两者的流量保持比值不变。当 Q_1 受到扰动时,即改变了 Q_2 的给定值,使 Q_2 跟随 Q_1 而变化,从而保证原设定的比值不变。当 Q_1、Q_2 同时受到扰动时,Q_2 回路在克服扰动的同时,又根据新的给定值,使主、从动量(Q_1、Q_2)在新的流量数值的基础上保持其原设定值的比值关系。可见该控制方案的优点是能确保 $Q_2/Q_1=K$ 不变,且方案结构较简单,因而在工业生产过程自动化中得到广泛应用。

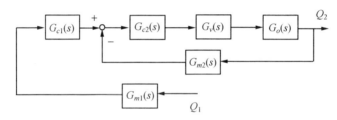

图 4.21 单闭环比值控制系统框图

二、双闭环比值控制

为了克服单闭环比值控制中 Q_1 不受控制、易受干扰的不足,设计了如图 4.22 所示的双闭环比值控制方案,它是由一个定值控制的主动量回路和一个跟随主动量变化的从动量随动控制回路组成的。主动量控制回路能克服主动量扰动,实现其定值控制。从动量控制回路能克服作用于从动量回路中的扰动,实现随动控制。当扰动消除后,主、从动量都恢复到原设定值上,其比值不变。

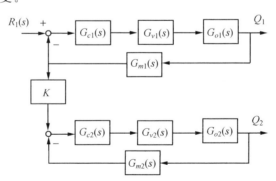

图 4.22 双闭环比值控制系统框图

双闭环比值控制能实现主动量的抗扰动、定值控制,使主、从动量均比较稳定,从而使总物料量也比较平稳,这样,系统总负荷也将是稳定的。

双闭环比值控制的另一优点是升降负荷比较方便,只需缓慢改变主动量调节器的给定值,这样从动量自动跟踪升降,并保持原来比值不变。不过双闭环比值控制方案所用设备较多、投资较高,而且投运比较麻烦。

应当指出,双闭环比值控制系统中的两个控制回路是通过比值器发生联系的,若除去比值器,则为两个独立的单回路控制系统。事实上,若采用两个独立的单回路控制系统,同样能实现它们之间的比值关系(这样还可省去个比值器),但只能保持静态比值关系。当需要实现动态比值关系时,比值器不能省。

双闭环比值控制在使用中应防止产生"共振"。主动量采用闭环控制后,由于调节作用,其变化的幅值会大大减少,但变化的频率往往会加快,从而通过比值器使从动量调节器的给定值处于不断变化中。当它的变化频率与主动量控制回路的工作频率接近时,有可能引起共振。

三、变比值控制

单闭环比值控制和双闭环比值控制是两种实现物料流量的定比值控制,在系统运行过程中其比值系数希望是不变的。在有些生产过程中,要求两种物料流量的比值随第三个参数的需要而变化。为了满足上述生产工艺要求,开发了采用除法器构成的变比值控制,如图 4.23 所示。这实际上是一个以某种质量指标量(常称为第三参数或主参数)为主变量,而以两个流量比为副变量的串级控制系统。

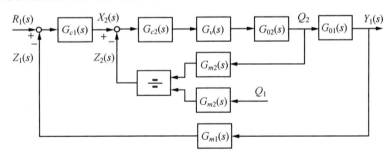

图 4.23 变比值控制系统框图

系统在稳态时,主、从动量恒定,分别经测量变送器送至除法器,其输出即为两物料间的比值并作为比值调节器 $G_{c2}(s)$ 的测量反馈信号。此时主参数 $Y_1(s)$ 也恒定。所以主调节器 $G_{c1}(s)$ 输出信号 $R_2(s)$ 稳定,且与比值测量值相等,即 $R_2(s)=Z_2(s)$,比值调节器 $G_{c2}(s)$ 输出稳定,控制阀处于某开度,产品质量合格。

当 Q_1、Q_2 出现扰动时,通过比值控制回路,保证比值一定,从而大大减小扰动对产品质量的影响。

对于某些物料流量(如气体等),当出现扰动(如温度、压力、成分等变化)时,虽然它们的流量比值不变,但由于真实流量(在新的压力、温度或新的成分下)与原来流量不同,将影响产品的质量指标,$Y_1(s)$ 便偏离设定值。此时主调节器 $G_{c1}(s)$ 起作用,使其输出 $R_2(s)$ 产生变化,从而修正比值调节器 $G_{c2}(s)$ 的给定值,即修正比值,使系统在新的比值上重新稳定。

4.3.3 比值控制系统的设计与整定

一、比值控制系统的设计

1. 主、从动量的确定

设计比值控制系统时,需要先确定主、从动量,其原则是:在生产过程中起主导作用或可测但不可控,且较昂贵的原料流量一般为主动量,其余的物料流量以它为准进行配比,为从动量。当然,当生产工艺有特殊要求时,主、从动量的确定应服从工艺需要。

2. 控制方案的选择

比值控制有多种控制方案,在具体选用时应分析各种方案的特点,根据不同的工艺情况、负荷变化、扰动性质、控制要求等进行合理选择。

3. 调节器控制规律的确定

比值控制调节器的控制规律要根据不同控制方案和控制要求而确定。例如,单闭环控制的从动回路调节器选用 PI 控制规律,因为它将起比值控制和稳定从动量的作用;双闭环控制的主、从动回路调节器选用 PI 控制规律,因为它不仅要起比值控制作用,而且要起稳定各自的物料流量的作用;变比值控制可仿效串级调节器控制规律的选用原则。

4. 正确选用流量计与变送器

流量测量与变送是实现比值控制的基础,必须正确选用。用差压流计测量气体流量时,若环境温度和压力发生变化其流量测量值将发生变化,所以对于温度、压力变化较大,控制质量要求较高的场合,必须引入温度、压力补偿装置,对其进行补偿,以获得精确的流量测量信号。

5. 比值控制方案的实施

实施比值控制方案基本上有相乘方案和相除方案两大类。在工程上可采用比值器、乘法器和除法器等仪表来完成两个流量的配比问题。在计算机控制系统中,则可以通过简单的乘、除运算来实现。

6. 比值系数的计算

设计比值控制系统时,比值系数计算是一个十分重要的问题,当控制方案确定后,必须将两个体积流量或质量流量之比 K 折算成比值器上的比值系数 K'。

当变送器的输出信号与被测流量呈线性关系时,可用下式计算:

$$K' = K \frac{q_{1\max}}{q_{2\max}} \tag{4.40}$$

式中,$q_{1\max}$ 为测量 q_1 所用变送器的最大量程;$q_{2\max}$ 为测量 q_2 所用变送器的最大量程。

当变送器的输出信号与被测流量成平方关系时,可用下式计算:

$$K' = K^2 \frac{q_{1\max}^2}{q_{2\max}^2} \tag{4.41}$$

将计算出的比值 K' 设置在比值器上,比值控制系统就能按工艺要求正常运行。

二、比值控制系统的整定

1. 投运中比值系数 K' 的设置需注意的问题

根据工艺规定的流量比 K 按实际组成的方案进行比值系数的计算。比值系数计算为系统设计、仪表量程选择和现场比值系数的设置提供了理论依据。但由于采用差压法测算流量时,要做到精确计量有一定的困难,尽管对测量元件进行精确计算在实际使用中尚有不少误差,想通过比值系数一次精确设置来保证流量比值是不可能的。因此,系统在投运前比值系数不一定要精确设置,可以在投运过程中逐步校正,直至工艺认为合格。

2. 比值控制系统的参数整定

比值控制系统的参数整定,关键是要明确整定要求。双闭环比值控制系统的主流量回路为一般的定值控制系统,可按常规的简单控制系统进行整定;变比值控制系统因结构上属于串级控制系统,故主控制器可按串级控制系统进行整定。下面对单闭环比值控制系统、双闭环的副流量回路、变比值回路的参数整定作简单介绍。

比值控制系统中的副流量回路是一个随动控制系统,工艺上希望副流量能迅速正确地跟随主流量变化,并且不宜有过调。由此可知,比值控制系统实际上是要达到振荡与不振荡的临界过程,这与一般定值控制系统的整定要求是不一样的。

按照随动控制系统的整定要求,一般整定步骤如下:

① 根据工艺要求的两流量比值 K,进行比值系数的计算。若采用相乘形式,则需计算仪表的比值系数 K' 值;若采用相除形式,则需计算比值控制器的设定值。在现场整定时,可根据计算的比值系数 K' 投运。在投运后,一般还需按实际情况进行适当调整,以满足工艺要求。

② 控制器一般需采用 PI 形式。整定时可先将积分时间设置为最大,由大到小调整比例度,直至系统处于振荡与不振荡的临界过程。

③ 若有积分作用,则适当地放宽比例度(一般放大 20% 左右),然后慢慢地把积分时间减小,直到系统出现振荡与不振荡的临界过程或微振荡的过程。

4.3.4 比值控制系统的工业应用

一、自来水消毒系统单闭环比值控制

来自江河湖泊的水,虽然经过净化,但往往还有大量的微生物,这些微生物对人体健康是有害的。因此,自来水厂将自来水供给用户之前,还必须进行消毒处理。氯气是常用的消毒剂,氯气具有很强的杀菌能力,但如果用量太少,则达不到灭菌的效果,而用量太多又会对人们饮用带来副作用。同时过多的氯气注入水中,不仅造成浪费,而且使水的气味难闻,另外对餐具会产生强烈的腐蚀作用。为了使氯气注入自来水中的量合适,必须使氯气注入量与自来水量成一定的比值关系,故设计如图 4.24 所示的比值控制系统。由流量变送器 F_1T 测得自来水的流量 q_1,经比值器 F_1C 后作为氯气流量调节器 F_2C 的给定。氯气流量变送器 F_2T、调节器 F_2C 和氯气流量调节阀构成氯气流量闭环控制。

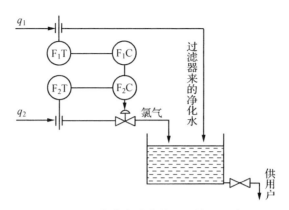

图 4.24 自来水消毒的比值控制系统

二、锅炉燃烧系统温度串级双闭环比值控制

工业锅炉通过燃油、燃气或燃煤浆等来加热媒介,其控制系统一般面临两个问题:一是控制燃料的流量来调节出口媒介的温度;二是燃烧过程中供风量要与燃料量保持固定的比例。供风量偏小,氧气供应不足,燃烧不充分,会产生冒黑烟现象,浪费能源,严重时会导致锅炉熄火停炉;供风量偏大,会带走大量热量产生冒白烟现象,达不到最佳的燃烧热效率。在燃煤浆锅炉中,供风量与供煤浆量的比值称为空燃比。燃烧过程中,特别是在升负荷和降负荷的过程中,控制空燃比 K 的稳定显得特别重要。通过双闭环比值控制方法控制空燃比,实现温度串级双闭环比值控制。

本例中比值控制仅是一种手段,通过控制空燃比实现最佳的燃烧热效率,从而最终实现温度控制的目的。图 4.25 为含双闭环比值控制的炉温串级控制系统。双闭环比值控制的主动量(燃料流量)回路作为温度串级控制系统的一部分,通过实时检测燃料流量并乘以空燃比后作为空气流量的给定值,可保证空气与燃料的动态比值关系。

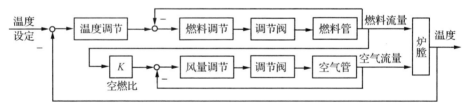

图 4.25 含双闭环比值控制的炉温串级控制系统

4.4 习 题

4.1 什么是串级控制?串级控制系统是如何构成的?试举例说明它的工作过程。

4.2 与单回路系统相比,串级控制系统有哪些主要特点?

4.3 为什么说串级控制系统具有改善过程动态特性的特点?

4.4　为什么提高系统的工作频率也算是串级控制系统的一大特点？

4.5　与单回路系统相比，为什么说串级控制系统由于存在一个副回路，具有较强的抑制扰动的能力？

4.6　在串级控制系统中，副回路的选择应遵循哪些主要原则？

4.7　什么是比值控制系统？它有哪几种类型？画出它的工艺控制原理图。

4.8　前馈控制和反馈控制各有什么特点？

4.9　动态前馈与静态前馈有什么区别和联系？

4.10　在设计某加热炉出口温度（主参数）与炉膛温度（副参数）的串级控制方案时，主控制器采用 PID 控制规律，副控制器采用 P 控制规律。为了使系统运行在最佳状态，采用两步整定主、副控制器参数，按 4∶1 衰减曲线法测得 $\delta_{1s}=44\%$，$T_{1s}=12$ min，$\delta_{2s}=75\%$，$T_{2s}=25$ s。

(1) 试求主、副控制器的整定参数值；

(2) 试分析串级控制系统适用在哪些场合。

4.11　设由乘法器实现的单闭环比值控制系统（采用 DDZ-Ⅲ 型调节仪），工艺指标规定主流量 Q_1 为 21 000 m³/h，副流量 Q_2 为 20 000 m³/h，Q_1 的流量上限为 24 000 m³/h，Q_2 的测量上限是 32 000 m³/h。试求：

(1) 工艺上的比值 K；

(2) 采用线性流量计时，仪表的比值系数 K'，乘法器的设置值 I_0；

(3) 采用非线性流量计时，仪表的比值系数 K'，并画出控制工艺图。

4.12　一个双闭环比值控制系统如图 4.26 所示，其比值函数部件采用 DDZ-Ⅲ 型电动除法器实现。已知线性测量变送器的上限分别是 $Q_{1max}=8\ 000$ kg/h，$Q_{2max}=5\ 000$ kg/h。

(1) 由结构图画出框图；

(2) 已知 $I_0=20$ mA，求比值系统的比值系数 K' 和流量比 K；

(3) 系统平稳时，测得 $I_1=15$ mA，求 I_2。

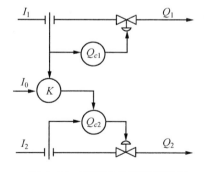

图 4.26　双闭环比值控制系统

第5章 其他控制系统

在化工生产过程中,经常会遇到一些约束性条件,或者是对两个参数同时提出控制要求,或者是一个控制器同时去控制两个或更多的执行器,这就会遇到均匀、选择以及分程控制系统。本章主要讲述均匀、选择以及分程控制系统的原理、结构、应用等方面的问题。

5.1 均匀控制系统

5.1.1 均匀控制原理

一、均匀控制问题的提出

均匀控制系统是在连续生产过程中各种设备前后紧密联系的情况下提出来的一种特殊的液位(或气压)-流量控制系统。其目的是使液位保持在一个允许的变化范围内,而流量也保持平稳。均匀控制系统是针对控制方案所起的作用而言,从结构上看,它可以是简单控制系统、串级控制系统,也可以是其他控制系统,它们的控制目的不相同。

例如,为了将石油裂解气分离为甲烷、乙烷、丙烷、丁烷、乙烯、丙烯等,前后串联了若干个塔,除产品塔将产品送至贮罐外,其余各精馏塔都是将物料连续送往下一个塔进行再分离。为了保证精馏塔生产过程稳定进行,总希望尽可能保证塔底液位比较稳定,于是考虑设计液位控制系统。同时,又希望能保持进料量比较稳定,因此,又考虑设置进料流量控制系统。对于单个精馏塔的操作,这样考虑是可以的,但对于前后有物料联系的精馏塔就会出现矛盾。下面以图 5.1 所示的前后两个塔为例加以说明。

由图 5.1 可见,甲塔要保证其液位稳定,是通过控制出料量来实现的,也就是说,要保证液位稳定,其出料量必然不稳定。而甲塔的出料量恰恰又是乙塔的进料量,乙塔的流量控制系统要保证其进料量稳定,势必造成甲塔液位不稳定;甲塔的液位控制系统势必造成乙塔的进料量不稳定。甲塔的液位和乙塔的进料量不可能同时都稳定不变,这就是存在于两个控制系统之间的矛盾。早期人们也曾利用缓冲罐来解决这个矛盾,即在甲、乙两塔之间增设一个有一定容量的缓冲罐,但这需要增加一套容器设备,加大了投资成本。另外,某些中间产品在缓冲罐中停留时间长,会产生分解或自聚现象,从而限制了这种方法的使用。

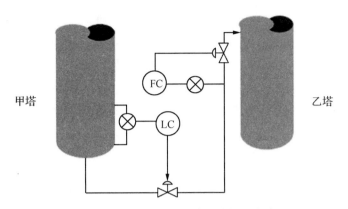

图 5.1 精馏塔间相互冲突的控制方案

解决这个矛盾的有效方法就是采用均匀控制系统,条件是工艺上应该允许甲塔的液位和乙塔的进料量在一定范围内可以缓慢变化。控制系统主要考虑物料平衡,使甲、乙两塔物料供求矛盾的过程限制在一定条件下缓慢变化,从而满足对甲、乙两塔的控制要求。例如,当甲塔的液位受到干扰而偏离设定值时,并不是采取很强的控制,立即改变阀门开度,以出料量的大幅波动换取液位的稳定,而是采取比较弱的控制,缓慢地改变调节阀的开度,以出料量的缓慢变化来克服液位所受到的干扰。在这个调节过程中,允许液位适当偏离设定值,从而使甲塔的液位和乙塔的进料量都被控制在允许的范围内。所以,使两个有关联的被控变量在规定范围内缓慢地、均匀地变化,使前后设备在物料的供求上统筹兼顾、均匀协调的系统称为均匀控制系统。均匀控制并不是绝对平均,在具体实现时要根据生产的实际情况,哪一项指标要求高,就多照顾一些。

均匀控制通常是对液位和流量两个参数同时兼顾,通过均匀控制,使这两个相互矛盾的参数达到一定的控制要求。

二、均匀控制的特点及要求

均匀控制系统归纳起来有如下三个特点。

(1) 结构上无特殊性

同样一个单回路液位控制系统,由于控制作用强弱不一,它可以是一个单回路液位定值控制系统,也可以是一个简单的均匀控制系统。因此,均匀控制是就控制目的而言的,并不是由控制系统的结构来决定的。均匀控制系统在结构上无任何特殊性,它可以是一个单回路控制系统,也可以是一个串级控制系统的结构形式,或者是一个双冲量控制系统的结构形式。所以,一个普通结构形式的控制系统,能否实现均匀控制的目的,主要在于系统控制器的参数整定如何。可以说,均匀控制是通过降低控制回路灵敏度来获得的,而不是靠结构变化得到的。

(2) 两个参数在控制过程中都应该是变化的,而且应是缓慢地变化

因为均匀控制是指前后设备的物料供求之间的均匀,所以表征前后供求矛盾的两个参数都不应该稳定在某一固定的数值。图 5.2(a)中把液位控制成比较平稳的直线,因此下一设备的进料量必然波动很大。这样的控制过程只能被看作液位定值控制,而不能被看作均

匀控制。反之,图 5.2(b)中把后-设备的进料量调成平稳的直线,那么前-设备的液位就必然波动很厉害,所以,它只能被看作流量的定值控制。只有图 5.2(c)中的液位和流量的控制曲线才符合均匀控制的要求,两者都有一定的波动,但波动很均匀。

需要注意的是,均匀控制在有些场合不是简单地让两个参数平均分摊,而是视前后设备的特性及重要性等因素来确定均匀的主次。这就是说,有时应以液位参数为主,有时则以流量参数为主,在均匀方案的确定及参数整定时要考虑到这一点。

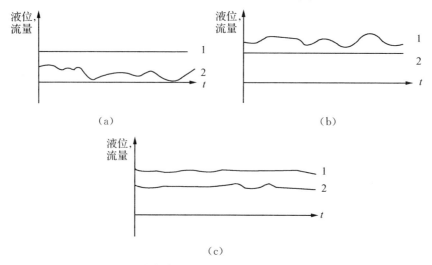

1—液位变化曲线;2—流量变化曲线

图 5.2 前-设备的液位和后-设备的进料量的关系

（3）前后相互联系又相互矛盾的两个参数应限定在允许范围内变化

图 5.1 中甲塔液位的升降变化不能超过规定的上下限,否则就有淹没再沸器蒸汽管或被抽干的危险。同样,乙塔进料量也不能超越它所能承受的最大负荷或低于最小处理量,否则就不能保证精馏过程正常进行。因此,均匀控制的设计必须满足这两个限制条件。当然,这里的允许波动范围比定值控制的允许偏差范围要大得多。

5.1.2 均匀控制方案

实现均匀控制的方案主要有三种结构形式,即简单均匀控制、串级均匀控制和双冲量均匀控制。

一、简单均匀控制

简单均匀控制系统采用单回路控制系统的结构形式,如图 5.3 所示。从系统结构形式上看,它与简单的液位定值控制系统是一样的,但系统设计的目的不相同。定值控制系统是通过改变出料量来保持液位为设定值,而简单均匀控制是为了协调液位与出料量之间的关系,允许它们都在各自许可的范围内做缓慢的变化。因其设计目的不同,因此在控制器的参数整定上有所不同。

通常,简单均匀控制系统的控制器整定在较大的比例度和积分时间上,一般比例度要大于 100%,以较弱的控制作用达到均匀控制的目的。控制器一般采用纯比例作用,而且比例度整定得很大,以便当液位变化时,排出流量只做缓慢的改变。有时为了克服连续发生的同一方向的扰动所造成的过大偏差,防止液位超出规定范围,则引入积分作用,这时比例度一般大于100%,积分时间也要放大一些。至于微分作用,是和均匀控制的目的背道而驰的,故不采用。

简单均匀控制系统结构简单,所用仪表较少。但是当甲塔的液位对象本身具有自平衡作用时,或者乙塔内的压力发生波动时,尽管调节阀开度没变,其流出量仍会发生相应变化。所以,简单均匀控制系统只适用于干扰较小、对流量的均匀程度要求较低的场合。

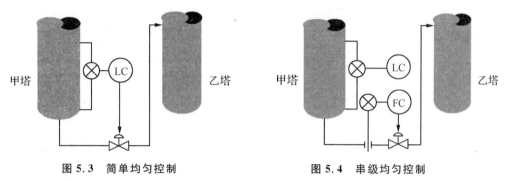

图 5.3　简单均匀控制　　　　　　图 5.4　串级均匀控制

二、串级均匀控制

前面讲的简单均匀控制系统,虽然结构简单,但有局限性。当塔内压力或排出端压力变化时,即使控制阀开度不变,流量也会因控制阀前后压力差变化而改变,等到流量改变影响液位变化时,液位控制器才进行调节,显然这是不及时的。为了克服这一缺点,可在原方案基础上增加一个流量副回路,即构成串级均匀控制,原理图如图 5.4 所示。

从图 5.4 中可以看出,在系统结构上它与串级控制系统是相同的。液位控制器 LC 的输出,作为流量控制器 FC 的设定值,流量控制器的输出操纵控制阀。由于增加了副回路,可以及时克服由于塔内或出料端压力改变所引起的流量变化,这些都是串级控制系统的特点。但是,由于设计这一控制系统的目的是为了协调液位和流量两个参数的关系,使之在规定的范围内做缓慢的变化,所以本质上是均匀控制。

串级均匀控制系统,之所以能够使两个参数间的关系得到协调,也是通过控制器参数整定来实现的。这里参数整定的目的不是使参数尽快地回到设定值,而是要求参数在允许的范围内做缓慢的变化。参数整定的方法也与一般的串级控制系统不同,一般串级控制系统的比例度和积分时间是由大到小地进行调整,均匀控制系统正好相反,是由小到大进行调整。均匀控制系统的控制器参数数值都很大。

串级均匀控制系统中,主控制器的参数整定与简单均匀控制系统相同。副控制器的参数整定与普通流量控制器参数整定没有什么差别,要求副回路的工作频率较高,能较快地克服进入副回路的干扰,因此副控制器要用大的比例带和小的积分时间,其范围一般为:比例带 δ 的取值范围为 100%～200%,积分时间取 0.1～1 min。副控制器若要用纯比例控制,则比例带 δ 的取值范围为 100%～200%。

串级均匀控制方案能克服较大的扰动,适用于系统前后压力波动较大的场合,但与简单均匀控制方案相比,其使用的仪表较多,投运较复杂,因此在方案选定时要根据系统的特点、扰动情况及控制要求来确定。

三、双冲量均匀控制系统

所谓双冲量均匀控制系统,就是将两个变量的测量信号,经过加法器后作为被控变量的系统。图 5.5 即为精馏塔液位与出料量的双冲量均匀控制系统工艺流程图。假定该系统用气动单元组合式仪表来实施,其加法器 Σ 的运算规律为

$$I_o = I_h - I_q - R_h + C \tag{5.1}$$

式中,I_o 为流量控制器的输入信号;I_h、I_q 分别为液位和流量测量信号;R_h 为液位的设定值;C 为可调偏置。

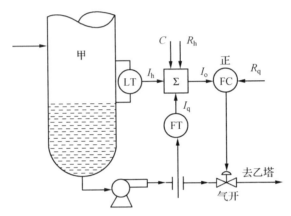

图 5.5 双冲量均匀控制系统

在稳定工况时,调整偏置 C 使 I_o 等于流量控制器 FC 的设定值 R_q,一般将它设置在 0.06 MPa,使调节阀开度处于 50% 位置。当流量正常时,若液位受到扰动引起液位上升,I_h 增大,加法器输出 I_o 增大。因为流量控制器是正作用方式,输出也增大。对于气开式的控制阀,阀门开度缓慢开大,使出料量逐渐加大,I_q 也随之增大,到某一时刻液位开始缓慢下降,当 I_h 与 I_q 之差逐渐减小到稳态值时,加法器的输出重新恢复到控制器的设定值,系统渐趋稳定,控制阀停留在新的开度上,新的液位稳态值比原来有所升高,新的流量稳态值也比原来有所增加,但都在允许的范围内,从而达到均匀控制的目的。同理,当液位正常,出料量受到干扰使 I_q 增大时,加法器的输出信号减小,流量控制器的输出逐渐减小,控制阀门慢慢关小,使 I_q 慢慢减小,同时引起液位上升,I_h 逐渐增大。在某一时刻,I_h 与 I_q 之差恢复到稳态值时,系统又达到了一个新的平衡。

由于流量控制器接收的是由加法器送来的两个变量之差,并且又要使两个变量之差保持固定值,所以控制器应该选择 PI 控制规律。

由于双冲量比值控制系统的原理方框图可以画成图 5.6 所示的形式,所以如果将液位测量变送器看作一个放大系数等于 1 的比例控制器,那么双冲量均匀控制系统可以看成主控制器是液位控制器,且比例带为 100% 的纯比例控制,副控制器为流量控制器的串级均匀控制系统。因此它具有串级均匀控制系统的优点,而且比串级均匀控制系统还少用了一个控制器。由于双冲量均匀控制系统的主控制器比例带不可调,所以它只适用于生产负荷比

较稳定的场合,其控制效果比简单均匀控制系统要好,但不及串级均匀控制系统。

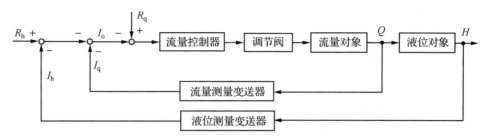

图 5.6 双冲量均匀控制系统方框图

既然双冲量控制系统中的流量控制器属于串级均匀控制系统中的副控制器,所以流量控制器应按副控制器的要求进行参数整定,即宽的比例带和长的积分时间,比例带 δ 的取值范围为 100%～200%,积分时间在 0.1～1 min 之间。

5.1.3 控制器的参数整定

一、控制器控制规律的选择

一般来讲,简单均匀控制系统的控制器一般采用 P 控制而不采用 PI 控制,其原因是均匀控制系统的控制要求是使液位和流量在允许范围内缓慢变化,即允许被控量有余差。由于控制器参数整定时比例度较大,控制器输出引起的流量变化一般不会超越输入流量的变化,可以满足系统的控制要求。当然由于工艺过程的需要,为了使流量参数变化更稳定,有时也采用 PI 控制。当液位波动较剧烈或输入流量存在急剧变化时,系统要求液位没有余差,则要采用 PI 控制规律。在此情况下,加入 I 作用就相应增大了控制器的比例度,削弱比例控制作用,使流量变化缓慢,也可以很好地实现均匀控制作用。这里要提出引入 I 作用的不利之处。首先,对流量参数产生不利影响,如果液位偏离给定值的时间较长而幅值又比较大,I 作用会导致控制阀全开或全关,造成流量的波动较大。其次,I 作用的引入将使系统稳定性变差,系统几乎处于不断的控制中,平衡状态相比 P 控制的时间要短。另外,I 作用的引入,有可能出现积分饱和,导致洪峰现象。

串级均匀控制系统主控制器的控制规律可按照简单均匀控制系统的控制规律选择,副控制器的控制规律可以选用 P 控制规律,不必消除余差。为了使副回路成为 1∶1 比例环节,改善系统的动态特性,可以采用 PI 控制规律。

二、控制器参数整定

串级均匀控制中的流量副控制器参数整定与普通流量控制器参数整定相似,而均匀控制系统的其他几种形式的控制器都需要按照均匀控制的要求来进行整定。整定的主要原则突出一个"慢"字,即过渡过程不可以出现明显的振荡。具体整定原则和方法介绍如下。

1. 整定原则

① 保证液位不超出波动范围,先设置好控制器参数。

② 修正控制器参数,充分利用容器的缓冲作用,使液位在最大允许范围内波动,输出流量尽量平稳。

③ 根据工艺对流量和液位的要求,适当调整控制器的参数。

2. 方法步骤

① P 控制。先将设置在估计液位不会超过限定值的范围内,然后通过观察运行曲线调节比例度,如果液位最大波动值小于允许范围,则可以增减比例度,如果液位最大波动范围超出允许波动范围,则可以减小比例度。反复调整,直到得到满意的运行曲线为止。

② PI 控制。首先确定比例度,方法与纯 P 控制整定方法相同;然后适当加大比例度后加入 I 控制,逐渐减小积分时间,直到流量曲线将要出现缓慢周期性衰减振荡过程而液位又恢复到给定值的趋势为止;最终根据工艺要求,调整参数,直到液位、流量曲线都符合要求为止。

也可以采用以下这种比较简单、经济适用的经验法进行整定。

如上所述,均匀控制系统控制器参数整定原则是比例度较大些,积分时间常数较长些,在实际系统设计中可以参考表 5.1 中的数据进行设计。

表 5.1 均匀控制系统建议的整定参数值

停留时间 t_C/min	比例度 δ/%	积分时间 T_I/min
<20	100～150	5
20～40	150～200	10
>40	200～250	15

注:$t_C = \dfrac{V(容器的有效容积)}{Q(正常工况下的额定体积流量)}$,容器的有效容积相当于液位变送器测量范围的容积。

5.2 选择性控制系统

5.2.1 选择性控制原理

选择性控制是过程控制中属于约束性控制一类的控制方案。所谓自动选择性控制系统,就是把由工艺的限制条件(出于经济、效益或安全等方面的考虑)所构成的逻辑关系,叠加到正常的自动控制系统上去的一种组合逻辑方案。在正常工况下由一个正常的控制方案起作用,当生产操作趋向限制条件时,另一个用于防止不安全情况出现的控制方案将取代正常情况下工作的控制方案,直到生产操作重新回到允许范围内,恢复原来的控制方案为止。这种自动选择性控制系统又被称为自动保护控制系统,或称为取代(超驰)控制系统,或称为软保护控制系统。

一般的控制系统只能在正常的情况下工作,当生产操作达到安全极限时,通常的处理方法有两种:一种是信号报警,由自动控制改为人工控制;另一种是采用连锁停车保护,待操作人员排除故障后再重新开车。这两种方案称为"硬保护"措施。在现代化工生产中,"硬保护"措施动辄停车,造成的经济损失是重大的。而所谓"软保护"措施,是通过一个特定设计的选择性系统,当生产短期处于不正常情况时,既能起自动保护作用,又不停车,从而有效地防止生产事故的发生,减少开、停车次数,这无疑对现代化生产有着重大的意义。

要构成选择性控制系统,生产操作必须具有一定的选择性逻辑关系。而选择性控制的实现则需要靠具有选择功能的自动选择器(高值选择器和低值选择器)或有关的切换装置(切换器、带接点的控制器或测量装置)来完成。

5.2.2 选择性控制系统的类型

选择器可以接在两个或多个控制器的输出端,对控制信号进行选择,也可以接在几个变送器的输出端,对测量信号进行选择,以适应不同生产过程的需要。根据选择器在系统结构中的位置不同,选择性控制系统可分为两种。

1. 选择器位于控制器的输出端

选择器位于控制器的输出端,对控制器输出信号进行选择的系统如图 5.7 所示。这种选择性控制系统的主要特点是:两个控制器共用一个控制阀。在正常生产的情况下,两个控制器的输出信号同时送至选择器,选择器选出正常控制器输出的控制信号送给控制阀,实现对生产过程的自动控制。当生产不正常时,通过选择器由取代控制器取代正常控制器的工作,直至生产情况恢复正常。由于结构简单,这种选择性控制系统在现代工业生产过程中得到了广泛应用。

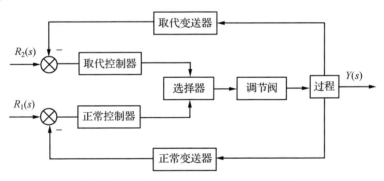

图 5.7 选择器位于控制器的输出端

2. 选择器位于控制器的输入端

选择器位于控制器的输入端,对变送器输出信号进行选择的系统,如图 5.8 所示。该选择性系统的特点是几个变送器合用一个控制器。通常选择的目的有两个,其一是选出最高或最低测量值;其二是选出可靠测量值。如固定床反应器中,为了防止温度过高烧坏催化剂,在反应器的固定催化测床层内的不同位置上,装设了几个温度检测点。各点温度检测信号通过高值选择器,选出其中最高的温度检测信号作为测量值,进行温度自动控制,从而保证反应器催化剂层的安全。

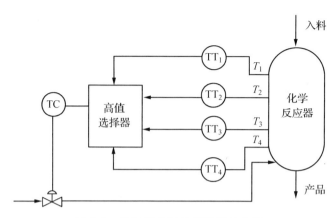

图 5.8 选择器位于控制器的输入端

综上所述,选择性控制系统有如下特点:控制系统反映了工艺逻辑规律有选择性的要求;组成控制系统的环节中,必有选择器;控制系统的被控变量与操纵变量的数目一般是不相等的。

选择性控制系统可等效为两个(或更多个)单回路控制系统。选择性控制系统设计的关键(其与单回路控制系统设计的主要不同点)是选择器的设计选型以及多个控制器控制规律的确定。

1. 选择器的选型

选择器有高值选择器与低值选择器。前者容许较大信号通过,后者容许较小信号通过。在选择器具体选型时,可根据生产处于不正常情况时的取代调节器的输出信号为高值或低值来确定选择器的类型。如果取代调节器输出信号为高值,则选用高值选择器;如果取代调节器输出信号为低值,则选用低值选择器。

2. 调节器控制规律的确定

对于正常调节器,由于控制精度要求较高,同时要保证产品的质量,所以应选用 PI 控制规律;如果过程的容量滞后较大,可以选用 PID 控制规律;对于取代调节器,由于在正常生产中开环备用,仅要求在生产出现问题时,能迅速及时地采取措施,以防事故发生,故一般选用 P 控制规律即可。

3. 调节器的参数整定

选择性控制系统的调节器进行参数整定时,可按单回路控制系统的整定方法进行整定。但是,取代控制方案投入工作时,取代调节器必须发出较强的控制信号,产生及时的自动保护作用,所以其比例度 δ 应整定得小些。如果有积分作用,积分作用也应整定得弱一点。

5.2.3 选择性控制系统中的防积分饱和措施

对于在开环状态下具有积分作用的调节器,由于给定值与实际值之间存在偏差,调节器的积分动作将使其输出不停地变化,直至达到某个限值(如气动调节器的气源压力积分饱和上限约为 0.14 MPa,下限值接近大气压)并停留在该值上,这种情况称为积分饱和。

在选择性控制系统中,总有一个调节器处于开环状态,只要有积分作用,都可能产生积分饱和现象。若正常调节器有积分作用,当由取代调节器进行控制,在生产工况尚未恢复正常时(此时一定存在偏差,且一般为单一极性的大偏差),正常调节器的输出就会积分到上限或下限值。在正常调节器输出饱和的情况下,当生产工况刚恢复正常时,系统仍不能迅速切换回来,往往需要等待较长一段时间。这是因为,刚恢复正常时,若偏差极性尚未改变,调节器输出仍处于积分饱和状态,即使偏差极性已改变了,调节器输出信号仍有很大值。若取代调节器有积分作用,则问题更大,一旦生产出现不正常工况,就要延迟一段时间才能进行切换,这样就起不到防止事故的作用。为此,必须采取措施防止积分饱和现象的产生。

对于数字式调节器,防止积分饱和比较容易实现(如可通过编程方式停止处于开环状态下调节器的积分作用);对于模拟式调节器,常采用以下方法防止积分饱和。

1. PI-P 法

对于电动控制器来说,当其输出在某一极限内时,具有 PI 作用;当超出这一极限时,则为纯比例(P)作用,可避免产生积分饱和现象。

2. 外反馈法

对于采用气动控制器的选择性控制系统,取代控制器处于备用开环状态时,不用其本身的输出而用正常控制器的输出作为积分反馈,以限制其积分作用。

如图 5.9 所示,选择性控制的两台 PI 调节器输出分别为 p_1、p_2,选择器选中其中之一送至控制阀,同时又引回到两个控制器的积分环节以实现积分外反馈。

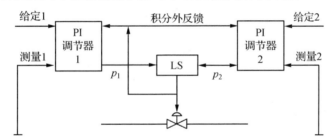

图 5.9 积分外反馈原理示意图

若选择器为低选时,设 $p_1 < p_2$,控制器 1 被选中工作,其输出为

$$p_1 = K_{c1}\left(e_1 + \frac{1}{T_{I1}}\int e_1 \mathrm{d}t\right) \tag{5.2}$$

由图 5.9 可见,积分外反馈信号是其本身的输出 p_1。因此,控制器 1 仍保持 PI 控制规律,控制器 2 处于备用待选状态,其输出为

$$p_2 = K_{c2}\left(e_2 + \frac{1}{T_{I2}}\int e_1 \mathrm{d}t\right) \tag{5.3}$$

其积分项的偏差为 e_1 而不是 e_2,所以不存在由 e_2 带来的积分饱和问题。当系统稳定时,$e_1=0$,控制器 2 仅有比例作用,所以取代控制器 2 在备用开环状态下不会产生积分饱和现象。一旦生产出现异常,p_2 引入积分环节,立即恢复 PI 控制规律投入运行。

5.2.4 选择性控制系统的工业应用

在锅炉运行过程中,蒸汽负荷随用户用量的变化而经常波动。在正常情况下,用控制燃气量的方法来维持蒸汽压力稳定,即当蒸汽压力升高时,应减少天然气量;反之,则增加天然气量。

在燃烧过程中,有两种非正常工况可能出现:一是燃气压力过高,产生"脱火"现象,燃烧室中火焰熄灭,大量未燃烧的燃料气积存在燃烧室内,烟囱冒黑烟,且当天然气和空气达到一定的混合浓度时,遇火种极易爆炸;二是燃气压力过低,太低的燃料气压力有"回火"的危险,导致燃料气储罐燃烧和爆炸。这两种情况都会对安全生产造成威胁,须采取措施避免其发生。为此,设计了图5.10所示的压力选择性控制系统。系统中蒸汽压力控制器为正常控制器,燃气压力控制器为取代控制器。正常控制器与取代控制器的输出信号通过选择器,自动选取一个能适应安全生产的控制信号作用于控制阀,控制燃料量的大小,以维持蒸汽压力稳定,或者防止脱火现象发生。

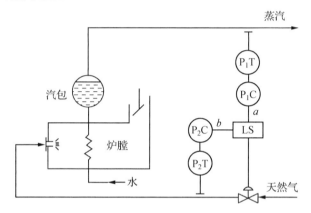

图 5.10 锅炉燃烧过程中压力自动选择性控制系统

从安全角度考虑,燃气控制阀选气开式。在正常情况下,蒸汽压力控制器 P_1C 应被选中,构成蒸汽压力简单控制系统,蒸汽压力控制器应选反作用;当蒸汽压力不断下降,燃气压力不断上升并接近脱火压力时,燃气压力控制器 P_2C 应被选中,取代蒸汽压力控制器来控制控制阀的开度,以减小燃料量,从而防止脱火事故发生,因此燃气压力控制器也应选作反作用。正常情况下,燃气压力低于脱火压力,取代控制器输出信号大于正常控制器输出信号。而在燃气压力接近脱火压力时,取代控制器输出信号小于正常控制器输出信号,因此选择器应为低选器。这一选择控制系统有效地防止了脱火事故的发生。

当蒸汽压力上升时,由于蒸汽压力控制器的作用,使控制阀逐渐关小,燃气压力逐渐下降。当燃气流量下降到一定程度,发出声、光报警信号,以提醒操作人员注意。如果燃气压力继续下降,达到产生回火的边缘时,燃气压力连锁系统动作,使控制阀关闭,切断天然气,防止回火事故发生。当燃烧器堵塞或其他原因使天然气流量降到极限时,连锁系统亦动作,使控制阀关闭而安全停车。

5.3 分程控制系统

在反馈控制系统中,通常是一台控制器的输出只控制一个控制阀,这是最常见也是最基本的控制形式。然而在生产过程中还存在另一种情况,即由一台控制器的输出信号同时控制两个或两个以上的控制阀的控制方案,这就是分程控制系统。"分程"的意思就是将控制器的输出信号分割成不同的量程范围,去带动不同的控制阀。

设置分程控制的目的有两个,一是从改善控制系统品质的角度出发,分程控制可以扩大控制阀的可调范围,使系统更为合理可靠;二是为了满足某些工艺操作的特殊要求,即出于对工艺生产实际的考虑。

5.3.1 分程控制系统的组成及工作原理

一个控制器同时带动几个控制阀进行分程控制动作,需要借助于安装在控制阀上的阀门定位器来实现。阀门定位器分为气动阀门定位器和电-气阀门定位器。将控制器的输出信号分成几个信号区间,不同区间内的信号变化分别通过阀门定位器去驱动各自的控制阀。例如,有 A 和 B 两个控制阀,要求在控制器输出信号为 4~12 mA DC 变化时,A 阀做全行程动作。这就要求调整安装在 A 阀上的电-气阀门定位器,使其对应的输出信号压力为 20~100 kPa。而 B 阀则在控制器输出信号 12~20 mA DC 变化时,通过调整 B 阀上的电-气阀门定位器,使 B 阀也正好走完全行程,即 20~100 kPa 全行程变化。按照以上条件,当控制器输出在 4~20 mA DC 变化时,若输出信号小于 12 mA DC,则 A 阀在全行程内变化,B 阀不动作。而当输出信号大于 12 mA DC 时,则 A 阀已达到极限,B 阀在全行程内变化。从而实现分程控制。

分程控制系统按控制阀的开闭形式可以分为两种类型:一种类型是阀门同向动作,即随着控制器的输出信号增大或减小,阀门都逐渐开大或逐渐关小,如图 5.11 所示;另一种类型是阀门异向动作,即随着控制器的输出信号增大或减小,阀门总是按照一个逐渐开大而另一个逐渐关小的方向进行,如图 5.12 所示。

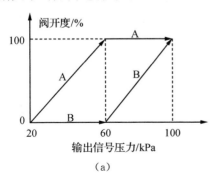
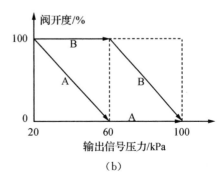

图 5.11 控制阀分程动作同向

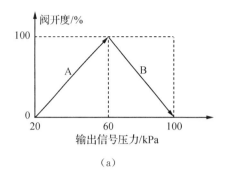 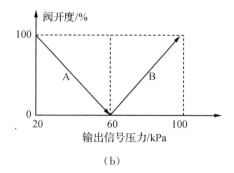

图 5.12 控制阀分程动作异向

控制阀分程动作同向或异向,要根据生产工艺的实际需要来确定。

5.3.2 分程控制系统的实施

分程控制系统本质上是属于单回路控制系统。因此,单回路控制系统的设计原则完全适用于分程控制系统的设计。但是,与单回路控制系统相比,分程控制系统的主要特点是分程而且控制阀多,所以在系统设计方面有一些不同之处。

一、分程信号的确定

在分程控制中,控制器输出信号分段是由生产工艺要求决定的。控制器输出信号需要分成几个区段,哪一个区段控制哪一个控制阀,完全取决于工艺要求。

二、分程控制系统对控制阀的要求

1. 控制阀类型的选择

根据生产工艺要求选择同向或异向规律的控制阀。在分程控制系统中,控制阀的气开、气关形式可分两种类型:一类是同向规律控制阀,即随着控制阀输入信号的增加,两个控制阀都开大或关小,如图 5.11 所示;另一类是异向规律控制阀,即随着控制阀输入信号的增加,一个控制阀关闭,而另一个控制阀开大,或者相反,如图 5.12 所示。控制阀的气开、气关形式的选择是由生产工艺决定的,即从安全生产的角度出发,决定选用同向还是异向规律的控制阀。

2. 控制阀流量特性的选择会影响分程点特性

因为在两个控制阀的分程点上,控制阀的流量特性会产生突变,特别是大、小阀并联时更为突出,如果两个控制阀都是线性特性,情况会更严重,如图 5.13(a)所示。这种情况的出现对控制系统的控制质量是十分不利的。为了减小这种突变特性,可采用两种处理方法:第一种方法是采用两个对数特性的控制阀,这样从小阀向大阀过渡时,控制阀的流量特性相对平滑一些,如图 5.13(b)所示;第二种方法就是采用分程信号重叠的方法。例如,两个信号段分为 20~65 kPa 和 55~100 kPa,这样做的目的是在控制过程中,不等小阀全开时,大阀就已经小开了,从而改善控制阀的流量特性。

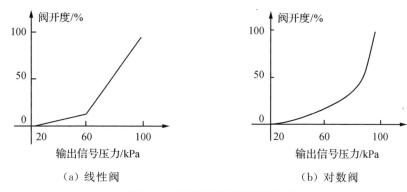

图 5.13 分程控制时的流量特性

3. 控制阀的泄漏问题

在分程控制系统中,应尽量使两个控制阀都无泄漏,特别是大、小控制阀并联使用时,如果大阀的泄漏量过大,小阀就不能正常发挥作用,控制阀的可调范围仍然得不到扩大,达不到分程控制的目的。

4. 控制器参数的整定

当分程控制系统中两个控制阀分别控制两个操纵变量时,这两个控制阀所对应的控制通道特性可能差异很大,即广义对象特性差异很大。这时,控制器的参数整定必须兼顾两种情况,选取一组合适的控制器参数。当两个控制阀控制一个操纵变量时,控制器参数的整定与单回路控制系统相同。

5.3.3 分程控制的应用场合

1. 扩大控制阀的可调范围,改善控制质量

现以某厂蒸汽压力减压系统为例。锅炉产汽压力为 10 MPa,是高压蒸汽,而生产上需要的是 4 MPa 平稳的中压蒸汽。为此,需要通过节流减压的方法,将 10 MPa 的高压蒸汽节流减压成 4 MPa 的中压蒸汽。在选择控制阀口径时,如果选用一台控制阀,为了适应大负荷下蒸汽供应量的需要,控制阀的口径要选得很大。然而,在正常负荷下所需蒸汽量却不大,这就需要将控制阀控制在小开度下工作。因为大口径控制阀在小开度下工作时,除了阀特性会发生畸变外,还容易产生噪声和振荡,这样就会使控制效果变差,控制质量降低。为解决这一矛盾,可选用两只同向动作的控制阀构成分程控制方案,如图 5.14 所示。

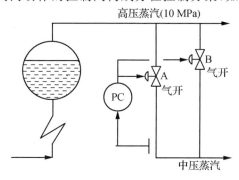

图 5.14 蒸汽减压系统分程控制方案

在该分程控制方案中采用了 A、B 两只同向动作的控制阀（根据工艺要求均选择气开式），其中 A 阀在控制器输出信号压力为 0.02～0.06 MPa 时从全闭到全开，B 阀在控制器输出信号压力为 0.06～0.10 MPa 时从全闭到全开，如图 5.11(a)所示。这样，在正常情况下，即小负荷时，B 阀处于关闭状态，只通过 A 阀开度的变化来进行控制；当大负荷时，A 阀已经全开，但仍不能满足蒸汽量的需求，这时 B 阀也开始打开，以弥补 A 阀全开时蒸汽供应量的不足。

在某些场合，控制手段虽然只有一种，但要求操纵变量的流量有很大的可调范围，如大于 100 以上。而国产控制阀的可调范围最大也只有 30，满足了大流量就不能满足小流量，反之亦然。为此，可两个大小阀并联使用。在小流量时用小阀，大流量时用大阀，这样就大大扩大了控制阀的可调范围。

设大小两个控制阀的最大流通能力分别是 $C_{Amax}=100$，$C_{Bmin}=4$，可调范围为 $R_A=R_B=30$。因为

$$R = \frac{C_{max}}{C_{min}}$$

式中：R 为控制阀的可调范围；C_{max} 为控制阀的最大流通能力；C_{min} 为控制阀的最小流通能力。

所以，小阀的最小流通能力为

$$C_{Bmin} = \frac{C_{Bmax}}{R} = \frac{4}{30} \approx 0.133$$

当大小两个控制阀并联时，控制阀的最小流通能力为 0.133，最大流通能力为 104，因而控制阀的可调范围为

$$R = \frac{C_{Amax} + C_{Bmax}}{C_{Bmin}} = \frac{104}{0.133} \approx 782$$

可见，采用分程控制时控制阀的可调范围比单个控制阀的可调范围大约扩大了 26.1 倍，大大地扩展了控制阀的可调范围，从而提高了控制质量。

2. 用于控制两种不同的介质，以满足生产工艺的需要

在某些间歇式生产的化学反应过程中，当反应物投入设备后，为了使其达到反应温度，往往在反应开始前需要给它提供一定的热量。一旦达到反应温度后，就会随着化学反应的进行而不断释放出热量，这些放出的热量如不及时移走，反应就会越来越剧烈，甚至会有爆炸的危险。因此，对于这种间歇式化学反应器，既要考虑反应前的预热问题，又要考虑反应过程中及时移走反应热的问题。为此，可设计如图 5.15 所示的分程控制系统。

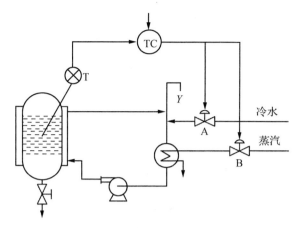

图 5.15 反应器温度分程控制系统

图 5.15 所示的温度控制系统，从安全的角度考虑，冷水控制阀 A 选用气关型，蒸汽控制阀 B 选用气开型，控制器选用反作用的比例积分控制器 PI，用一个控制器带动两个控制阀进行分程控制。这一分程控制系统，既能满足生产上的控制要求，也能满足紧急情况下的安全要求，即当供气突然中断时，B 阀关闭蒸汽，A 阀打开冷水，使生产处于安全状态。

A 与 B 两个控制阀的关系是异向动作的，它们的动作过程如图 5.16 所示。当控制器的输出信号由 4～12 mA DC 变化时，A 阀由全开到全关。当控制器的输出信号由 12～20 mA DC 变化时，B 阀由全关到全开。

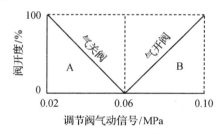

图 5.16 反应器温度控制分程阀动作图

该分程控制系统的工作情况如下：当反应器配料工作完成以后，在进行化学反应前的升温阶段，由于起始温度低于设定值，因此反作用的控制器输出信号将逐渐增大，A 阀逐渐关小至完全关闭，而 B 阀则逐渐打开，此时蒸汽通过热交换器使循环水被加热，再通过夹套对反应器进行加热、升温，以使反应物温度逐渐升高。当温度达到反应温度时，化学反应发生，于是就有热量放出，反应物的温度将逐渐升高。当反应温度升高并超过给定值后，控制器的输出将减小，随着控制器输出的减小，B 阀将逐渐关闭，而 A 阀则逐渐打开。这时反应釜夹套中流过的将不再是热水而是冷水，反应所产生的热量就被冷水带走，从而达到维持反应温度的目的。

3. 用作安全生产的防护措施

在许多生产过程中，为了保证建在室外的存放石油、化工原料等贮罐的安全，常采用灌顶充氮气的方法与外界空气隔离。当贮罐内的原料或产品增减时，将引起灌顶压力的升降，必须及时加以控制,否则将引起贮罐变形,甚至破裂,造成浪费或引发爆炸等危险;当贮罐内原料或产品增加,即液位升高时,应及时使罐内氮气适量排空,并停止充氮气;当贮罐内原料或产品减少,即液位降低时,为保证罐内氮气呈微正压,应及时停止排空氮气,并向贮罐充氮气。为此,设计分程控制系统,如图 5.17 所示。

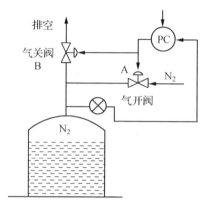

图 5.17 贮罐氮封分程控制

在该系统中,控制器为反作用,调节阀 A 为气开式,调节阀 B 为气关式。根据工艺要求,当罐内物料增加时,阀 A 全关,停止充氮气,打开阀 B,使罐内氮气排空;当罐内物料减少时,阀 B 全关,停止氮气排空,打开阀 A,向贮罐充氮气。

4. 用于节能控制

热交换过程中,冷物料通过热交换器用热水对其进行加热,当用热水加热不能满足出口温度的工艺要求时,就需要同时采用蒸汽对其进行加热。由于热水通常采用工业废水,所以采用该方式可以大大减少能源消耗,提高经济效益。

如图 5.18 所示,在该控制系统中,蒸汽阀和热水阀均采用气开式,控制器为反作用。在冷物料情况下,控制器输出信号使热水阀工作,蒸汽阀关闭,以节省蒸汽;当干扰使出口温度下降过大时,若热水阀全开仍不能满足出口温度要求,则控制阀输出信号使蒸汽阀也打开,以满足出口温度的工艺要求。

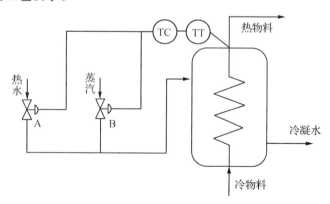

图 5.18 热交换过程的分程控制

以上几种分程控制系统的典型方框图如图 5.19 所示。

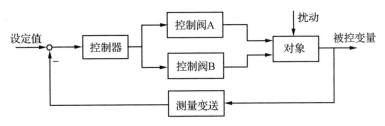

图 5.19　分程控制系统的典型方框图

5.4　习　题

1．什么叫均匀控制？怎样实现均匀控制？

2．什么是选择性控制？试简述常用选择性控制方案的基本原理。

3．什么叫分程控制？怎样实现分程控制？

4．在分程控制中需要注意哪些主要问题？为什么在分程点上会发生流量特性的突变？如何解决？

5．在某化学反应器内进行气相反应，调节阀 A、B 用来分别控制进料流量和反应生成物的流量。为了控制反应器内的压力，设计了如图 5.20 所示的控制系统流程图。试画出其框图，并确定调节阀的气开、气关形式和调节器的正、反作用方式。

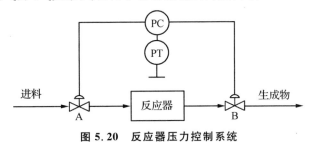

图 5.20　反应器压力控制系统

6. 在水利工程的河工模型试验中，要求实现泥沙流量的自动控制，已知如图 5.21(a)所示的流量给定值变化曲线及流量控制范围 $q_{min} \sim q_{max}$。现设置两根管道，并用两台水泵供水来完成试验要求，如图 5.21(b)所示。当流量为 q_{min} 时，可选择任意一台水泵供水，通过阀1、阀2或阀3，采用1#或2#管道来实现；当流量为 q_{max} 时，需同时用两台泵及两根管道来实现。试设计分程控制系统。

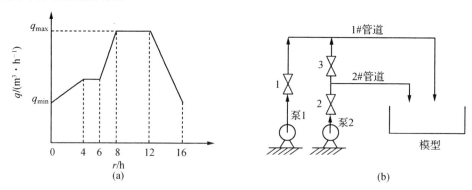

图 5.21 流量自动控制

第6章 解耦控制系统

在单回路控制系统中,假设过程只有一个被控参数,且被确定为输出,而在众多影响这个被控参数的因素中,选择一个主要因素作为调节参数或控制参数,称为过程输入,将其他因素都看成扰动。这样就在输入和输出之间形成一条控制通道,再加入适当的调节器后,就成为一个单回路控制系统。但实际的工业过程是复杂的,往往有多个过程参数需要进行控制,影响这些参数的控制变量不止一个,这样的系统称为多输入多输出系统。当多输入多输出系统中输入和输出之间相互影响较强时,不能简单地分为多个单输入单输出系统,此时必须考虑到变量间的耦合,以便对系统采取相应的解耦措施后再实施有效的控制。本章将讨论多输入多输出系统的基本概念、分析和设计方法。

6.1 解耦控制的基本概念

6.1.1 控制回路间的耦合

随着现代工业的发展,生产规模越来越复杂,对过程控制系统的要求也越来越高,大多数工业过程是多输入多输出的过程,其中一个输入可能影响多个输出,而一个输出也可能受到多个输入的影响。如果将一对输入输出的传递关系称为一个控制通道,则在各通道之间存在相互作用,这种输入与输出间或通道与通道间复杂的因果关系称为过程变量间的耦合或控制回路间的耦合。因此,许多生产过程都不可能仅在一个单回路控制系统的作用下实现预期的生产目标。换言之,在一个生产过程中,被控变量和控制变量往往不止一对,只有设置若干个控制回路,才能对生产过程中的多个被控变量进行准确、稳定的调节。在这种情况下,多个控制回路之间就有可能产生某种程度的相互关联、相互耦合和相互影响。而且这些控制回路之间的相互耦合还将直接妨碍被控变量和控制变量之间的独立控制作用,有时甚至会破坏各系统的正常工作,使之不能投入运行。

下面以图 6.1 所示的搅拌储槽加热器控制回路为例来说明多变量控制系统中存在的系统关联情况。搅拌储槽加热器控制回路中包含温度与液位两个控制回路。当进口介质流入量 Q_i(负荷)波动或者液位的设定值改变时,回路 1 通过调整出口介质的流出量 Q_o,使液位保持在设定值,但出口流量 Q_o 的变化就会对槽内温度产生扰动,使回路 2 通过控制加热蒸汽量来进行补偿。

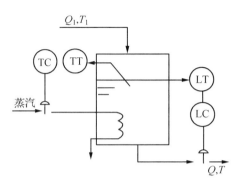

图 6.1　搅拌储槽加热器控制回路

如果入口介质的温度发生变化(扰动)或控制器的温度设定值改变,回路2就会调整蒸汽的流量来稳定温度,但此时液位并不会受到扰动。以上分析说明,这两个回路之间是单方向关联的。

更为严重的耦合情况如图6.2所示。压力和流量两个系统中,仅把任意一个系统投入运行都没有问题,这在生产中也大量使用,但若把这两个控制系统同时投入运行,问题就出现了,控制阀门1和2对系统的压力都有相同程度的影响。因此,当管路压力 P_1 偏低而开大控制阀1时流量也将增大,于是流量控制器将产生作用;关小控制阀2,其结果又使管路压力 P_1 上升。类似的这种情况在锅炉设备控制系统中也存在。例如,锅炉进风(送氧)、炉膛(副压)、烟道、引风等一系列环节就相当于图6.2所示的管路情况,氧气的进风流量与炉膛副压控制之间就存在耦合,相互之间影响较大。

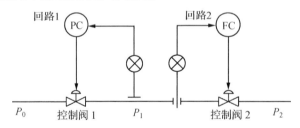

图 6.2　压力和流量控制系统的关联

下面通过传递函数矩阵来对系统的关联情况做进一步分析。设具有两个被控变量和两个操作变量的过程如图6.3所示。

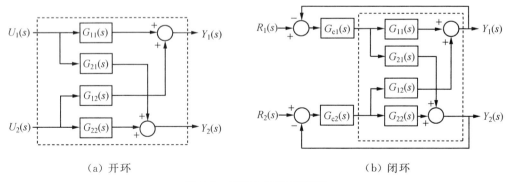

(a) 开环　　　　　　　　　　　　　　　(b) 闭环

图 6.3　双输入双输出系统

图 6.3(a)开环系统的传递函数可写为

$$\boldsymbol{Y}(s) = \begin{bmatrix} Y_1(s) \\ Y_2(s) \end{bmatrix} = \begin{bmatrix} G_{11}(s) & G_{12}(s) \\ G_{21}(s) & G_{22}(s) \end{bmatrix} \begin{bmatrix} U_1(s) \\ U_2(s) \end{bmatrix} \tag{6.1}$$

其中,传递函数 $G_{11}(s)$ 就反映了在开环情况下,在其他输入如 u_2 不变,对应 $U_2(s)=0$ 时,输入 u_1 对输出 y_1 的影响力度。其他可作类似解释。

如果传递函数 $G_{12}(s)$ 和 $G_{21}(s)$ 都等于零,那么两个控制回路各自独立,其间不存在关联,系统间无耦合。此时,一个控制回路不管是处于开环还是闭环状态,对另一个控制回路均无影响。此过程的输入输出关系应为

$$Y_1(s) = G_{11}(s)U_1(s) \tag{6.2}$$
$$Y_2(s) = G_{22}(s)U_2(s) \tag{6.3}$$

如果 $G_{12}(s)$ 和 $G_{21}(s)$ 有一个不等于零,则称系统为半耦合或单方向关联系统。如果 $G_{12}(s)$ 和 $G_{21}(s)$ 都不等于零,则称系统为耦合或双向关联系统。这时情况就比较复杂。

例如,在回路 2 开环时,$u_1 \to y_1$ 的传递函数是 $G_{11}(s)$,只有一条通道。当回路 2 闭环时,$u_1 \to y_1$ 除了上述直接通道外,还存在 $u_1 \to y_2 \to u_2 \to y_1$ 间接通道的影响。

在回路 2 闭环,$R_2(s)=0$ 时,如图 6.3(b)所示,如果回路 2 运行理想,就有 $Y_2(s)=0$,即 y_2 的设定值不变化,则式(6.1)可写为

$$Y_1(s) = G_{11}(s)U_1(s) + G_{12}(s)U_2(s) \tag{6.4}$$
$$0 = G_{21}(s)U_1(s) + G_{22}(s)U_2(s) \tag{6.5}$$

由式(6.5)可得

$$U_2(s) = -\frac{G_{21}(s)}{G_{22}(s)}U_1(s)$$

代入式(6.4)可得

$$Y_1(s) = G_{11}(s)\left[\frac{G_{11}(s)G_{22}(s) - G_{12}(s)G_{21}(s)}{G_{11}(s)G_{22}(s)}\right]U_1(s) \tag{6.6}$$

将式(6.6)与式(6.2)进行对比,可以看出式(6.6)中 $\dfrac{G_{11}(s)G_{22}(s) - G_{12}(s)G_{21}(s)}{G_{11}(s)G_{22}(s)}$ 就反映了回路 2 开环与闭环时对通道 $u_1 \to y_1$ 影响的差别。

通过以上分析可以看出,衡量一个选定的调节量对一个特定的被调量的影响,只计算在所有其他调节量都固定不变的情况下的开环增益显然是不够的。假如过程是关联的,则每个调节量不只影响一个被调量。因此,特定被调量对选定的调节量的响应还将取决于其他调节量处于何种状态(开环或闭环)。

根据上述思想,布里斯托尔(Bristol E. H.)于 1966 年提出了相对增益的概念,用来定量地给出各变量之间(静态)的耦合程度,虽有一定的局限性,但利用它完全可以选出使回路关联程度最弱的被控变量和操作变量的搭配关系。相对增益法是分析多变量系统耦合程度最常用最有效的方法,将在后面详细介绍。

下面简要介绍直接分析法。

【例 6.1】 试用直接分析法分析图 6.4 所示的双变量耦合系统变量间的耦合程度。

解 用直接分析法分析系统变量间的耦合程度时,一般采用系统的静态耦合结构。所谓静态耦合是指系统处在稳态时的一种耦合结构。与图 6.4 所示的动态耦合结构对应的静态耦合结构如图 6.5 所示。

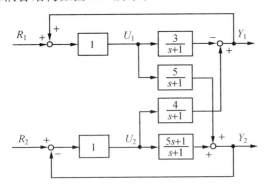

图 6.4 双变量耦合系统方框图   图 6.5 静态耦合结构图

由图 6.5 可得

$$\begin{cases} U_1 = R_1 + Y_1 \\ U_2 = R_2 - Y_2 \end{cases} \quad \begin{cases} Y_1 = -3U_1 + 4U_2 \\ Y_2 = 5U_1 + U_2 \end{cases}$$

化简后,得

$$\begin{cases} Y_1 = -\dfrac{13}{14}R_1 + \dfrac{1}{7}R_2 \approx -0.928\,6R_1 + 0.142\,9R_2 \\ Y_2 = \dfrac{5}{28}R_1 + \dfrac{6}{7}R_2 \approx 0.178\,6R_1 + 0.857\,1R_2 \end{cases}$$

由上面两式可知,Y_1 主要取决于 R_1,但也和 R_2 有关。而 Y_2 主要取决于 R_2,但也和 R_1 有关。方程式中的系数则代表每一个被控变量与每一个控制变量之间的耦合程度。系数越大,则耦合程度越强;反之,系数越小,则耦合程度越弱。

必须指出,上述耦合程度分析,虽然是基于系统的静态耦合结构,但其基本结论对系统的动态耦合结构也是适用的。

6.1.2 相对增益

在多变量系统中,首先应该在所有其他回路均为开环,即所有其他调节量都保持不变的情况下,找出该通道的开环增益(第一放大倍数);然后在所有其他回路均为闭环,即所有其他被调量都保持不变的情况下,找出该通道的开环增益(第二放大倍数)。相对增益的定义为第一放大倍数与第二放大倍数之比。

显然,如果两次所得开环增益没有变化,即表明该回路既不会影响其他回路,也不会受其他回路的影响,因而它与其他回路不存在关联,这时它的相对增益就是 1。反之,当两种情况下的放大倍数不相同,这时它的相对增益就不等于 1,则各通道间有耦合。

根据该定义,考虑一般 n 输入 n 输出过程,被调量 y_i 对调节量 u_j 的相对增益可写作

$$\lambda_{ij} = \frac{\text{第一放大倍数}}{\text{第二放大倍数}} = \frac{\left.\dfrac{\partial y_i}{\partial u_j}\right|_{u_r=\text{常量}}}{\left.\dfrac{\partial y_i}{\partial u_j}\right|_{y_r=\text{常量}}} = \frac{\left.\dfrac{\partial y_i}{\partial u_j}\right|_{u_r}}{\left.\dfrac{\partial y_i}{\partial u_j}\right|_{y_r}} \tag{6.7}$$

式中,第一放大倍数表示其他回路均为开环(即其他调节量 $u_r, r=1,2,\cdots,n, r\neq j$,均不变)时该通道的开环增益;第二放大倍数表示其他回路均为闭环(即其他调节量都在调整,以维持其他被调量 $y_r, r=1,2,\cdots,n, r\neq i$,均不变)时该通道的开环是一个无因次的量,表示过程关联的程度。

举例来说,如果在所有其余调节量都保持不变时,y_i 不受 u_j 的影响,则 λ_{ij} 为零。如果存在某种关联,则改变 u_j 不但影响 y_i,而且也影响其他被调量 y_r。因此,如果其他被调量均保持不变,则在确定分母上的开环增益时,其余调节量必然会改变(以维持 y_r 不变,因而形成闭环),这样又使原被调量 y_i 发生变化。结果在两个开环增益之间就会出现差异[式(6.6)],致使 λ_{ij} 既不是 0 也不是 1。

另一种可能是式(6.7)的分母趋于零。这就是说,其他闭合回路的存在阻碍了 u_j 对 y_i 的影响。这种情况的特征是 λ_{ij} 趋于无穷大,这些被调量或调节量都不是相互独立的。

因为过程一般都可用静态和动态相对增益来描述,所以相对增益也同样应该包含这两个分量。然而,在大多数情况下,可以看到静态分量更为重要,而且也更容易处理。因此,在一般情况下,暂时只分析静态相对增益,动态相对增益留待以后再考虑。

现以图 6.3 所示的双输入双输出系统为例。该系统的静态方程为

$$y_1 = k_{11}u_1 + k_{12}u_2 \tag{6.8}$$
$$y_2 = k_{21}u_1 + k_{22}u_2 \tag{6.9}$$

式中:k_{ij} 表示第 j 个输入变量作用于第 i 个输出变量的放大倍数。

下面先来求 λ_{21},根据定义式(6.7)以及式(6.9),令 u_2 为常量,则有 λ_{21} 的分子项为

$$\left.\frac{\partial y_2}{\partial u_1}\right|_{u_2=\text{常量}} = k_{21} \tag{6.10}$$

再来求 λ_{21} 的分母项,这里要求除 y_2 外,其他 y(这里只有 y_1)都不变。由式(6.8)可得

$$u_2 = \frac{y_1 - k_{11}u_1}{k_{12}}$$

代入式(6.9)有

$$y_2 = k_{21}u_1 + k_{22}\frac{y_1 - k_{11}u_1}{k_{12}}$$

考虑到要求量为常量(这里是通过调整 u_2 来补偿变量 u_1 对 y_1 的干扰),则有

$$\left.\frac{\partial y_2}{\partial u_1}\right|_{y_1=\text{常量}} = k_{21} - k_{22}\frac{k_{11}}{k_{12}} \tag{6.11}$$

于是,将式(6.11)和式(6.10)代入式(6.7),可得 λ_{21}(类似地,可得到 λ_{12}):

$$\lambda_{21} = \lambda_{12} = \frac{-k_{21}k_{12}}{k_{11}k_{22} - k_{12}k_{21}} \tag{6.12}$$

同样[或直接借用式(6.6)的结论]容易求得

$$\lambda_{11} = \lambda_{22} = \frac{k_{11}k_{22}}{k_{11}k_{22} - k_{12}k_{21}} \tag{6.13}$$

将上述结果写成矩阵形式,有

$$\boldsymbol{\lambda} = \begin{bmatrix} \lambda_{11} & \lambda_{12} \\ \lambda_{21} & \lambda_{22} \end{bmatrix} \tag{6.14}$$

上式称为布里斯托尔(Bristol)阵列,或相对增益矩阵(relative gain aray,RGA)。

值得指出的是,根据上面的定义,以图 6.3 为例,在计算 $u_1 \to y_2$ 通道的相对增益 λ_{21} 时,"其他回路闭环"就指 y_1 与 u_2 通过调节器构成闭合回路,而图 6.3 中并没有画出。因此,如图 6.3 所示闭合回路结构仅仅表示计算 λ_{11} 与 λ_{22} 时的闭合回路连接情况。

对于多输入多输出系统的 Bristol 阵列中元素还可通过矩阵运算求出。已知多输入多输出系统的静态特性矩阵形式为

$$\boldsymbol{Y} = \boldsymbol{M}\boldsymbol{U} \tag{6.15}$$

其中

$$\boldsymbol{Y} = [y_1, y_2, \cdots, y_m]^{\mathrm{T}}$$
$$\boldsymbol{U} = [u_1, u_2, \cdots, u_m]^{\mathrm{T}}$$

$$\boldsymbol{M} = \begin{bmatrix} \frac{\partial y_1}{\partial u_1}\bigg|_u & \cdots & \frac{\partial y_1}{\partial u_m}\bigg|_u \\ \vdots & \ddots & \vdots \\ \frac{\partial y_m}{\partial u_1}\bigg|_u & \cdots & \frac{\partial y_m}{\partial u_m}\bigg|_u \end{bmatrix} = \begin{bmatrix} k_{11} & \cdots & k_{1m} \\ \vdots & \ddots & \vdots \\ k_{m1} & \cdots & k_{mm} \end{bmatrix} \tag{6.16}$$

设 $\boldsymbol{M}$ 存在逆矩阵,则系统输入(调节量)可以表示为系统输出(被调量)的函数:

$$\boldsymbol{U} = \boldsymbol{M}^{-1}\boldsymbol{Y} \tag{6.17}$$

考虑到

$$u_i = \frac{\partial u_i}{\partial y_1}\bigg|_y y_1 + \frac{\partial u_i}{\partial y_2}\bigg|_y y_2 + \cdots + \frac{\partial u_i}{\partial y_m}\bigg|_y y_m$$

所以 $\boldsymbol{M}^{-1}$ 的第 i 行第 j 列元素为 $\frac{\partial u_i}{\partial y_j}\bigg|_y$。把 $\boldsymbol{M}^{-1}$ 转置,定义一个辅助矩阵 $\boldsymbol{C}$:

$$\boldsymbol{C} = (\boldsymbol{M}^{-1})^{\mathrm{T}} \tag{6.18}$$

则通过转置,$\boldsymbol{C}$ 的第 i 行第 j 列元素为 $\frac{\partial u_j}{\partial y_i}\bigg|_y$。

因此,相对增益 λ_{ij} 为

$$\lambda_{ij} = \frac{\frac{\partial y_i}{\partial u_j}\bigg|_u}{\frac{\partial y_i}{\partial u_j}\bigg|_y} = \frac{\partial y_i}{\partial u_j}\bigg|_u \cdot \frac{\partial u_j}{\partial y_i}\bigg|_y \tag{6.19}$$

因此,相对增益矩阵各元素 λ_{ij} 是矩阵 $\boldsymbol{M}$ 与矩阵 $\boldsymbol{C}$ 中各对应(第 i 行第 j 列)元素的乘积。这样,只要知道了所有的开环放大系数 k_{ij},相对增益 λ_{ij} 都可以求出。

相对增益具有以下特点:

可以证明,相对增益矩阵中,每行和每列元素之和为1。利用这一特性,可简化求取相对增益的过程,减少计算量。例如,对于双输入双输出控制系统只需要计算相对增益矩阵中的一个元素,其他三个元素就可求出。例如,对于图6.2所示的流量和压力控制系统,$\lambda_{11}=0.5$,则可求出$\lambda_{12}=1-\lambda_{11}=0.5,\lambda_{21}=1-\lambda_{11}=0.5,\lambda_{22}=1-\lambda_{21}=0.5$。

此外,这个性质表明相对增益矩阵各元素之间存在着一定的组合关系。例如,在一个给定的行或列中,所有元素都在0和1之间,如果出现一个比1大的数,则在同一行或列中就必有一个负数。由此可见,相对增益可以在负数到正数的范围内变化。不同的相对增益正好反映了系统中不同的耦合程度。

根据相对增益特性可知,无耦合系统的相对增益矩阵必为单位矩阵。但系统的相对增益矩阵为单位矩阵时,系统中还可能存在某种耦合。例如,在图6.3所示的双变量系统中,假设k_{12}和k_{21}中只有一个为零,则由式(6.12)和式(6.13)可知,系统的相对增益矩阵仍然是单位矩阵,但此时明显存在着单方向关联现象。

一般来说,当某通道的相对增益接近1时,如$0.8<\lambda_{ij}<1.2$,则表明其他通道对该通道的关联作用很小,不必采取特别的解耦措施。

当该通道的相对增益小于0或接近0时,说明使用本通道调节器不能得到良好的控制效果。换言之,这个通道的变量选配不恰当,应该重新选择。

当相对增益取值在0.3到0.7之间(即$0.3<\lambda_{ij}<0.7$)或者大于1.5(即$\lambda_{ij}>1.5$)时,则表明系统中存在着非常严重的耦合,解耦设计是必须的。

6.2 减少及消除耦合的方法

一个耦合系统在进行控制系统设计之前,必须首先确定哪个被控变量应该由哪个控制变量来调节,这就是系统中各变量的配对问题。有时会发生这样的情况,每个控制回路的设计、调试都是正确的,可是当它们都投入运行时,由于回路间耦合严重,系统不能正常工作。此时若将变量重新配对、调试,整个系统就能工作了。这说明正确的变量配对是进行良好控制的必要条件。除此以外还应看到,有时系统之间互相耦合还可能隐藏着使系统不稳定的反馈回路。尽管每个回路本身的控制性能合格,但当最后一个控制器投入运行时,系统可能完全失去控制。如果把其中一个或同时把几个控制器重新加以整定,就有可能使系统恢复稳定,但这需要以降低控制性能为代价。下面将根据系统变量间耦合的情况,讨论如何应用被控变量和控制变量之间的匹配和重新整定控制器的方法来克服或削弱这种耦合作用。

一、选用最佳的变量配对

选用适当的变量配对关系,可以减小系统的耦合程度。下面以例6.1所给的双变量耦合系统来说明如何进行变量配对。假设将U_1作为调节Y_2的控制变量,U_2作为调节Y_1的控制变量,变量重新配对之后的系统结构如图6.6所示,其对应的静态耦合结构如图6.7所示。

由图 6.7 可得

$$\begin{cases} U_1 = R_1 - Y_2 \\ U_2 = R_2 - Y_1 \end{cases} \quad \begin{cases} Y_1 = 4U_2 - 3U_1 \\ Y_2 = 5U_1 + U_2 \end{cases}$$

化简后得

$$\begin{cases} Y_1 = \dfrac{9}{11}R_2 - \dfrac{1}{11}R_1 \approx 0.8182R_2 - 0.0909R_1 \\ Y_2 = \dfrac{56}{66}R_2 + \dfrac{1}{33}R_1 \approx 0.8485R_1 + 0.0303R_2 \end{cases}$$

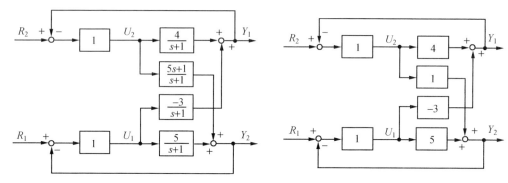

图 6.6 动态耦合结构方框图　　图 6.7 变量重新配对后的静态耦合结构方框图

由此可见,在稳态条件下,Y_1 基本上取决于 R_2,R_1 对 Y_1 的影响可以忽略不计。而 Y_2 基本上取决于 R_1,R_2 对 Y_2 的影响也可以忽略不计。于是图 6.6 所示的系统可以近似地看成两个独立控制的回路。近似完全解耦系统如图 6.8 所示。

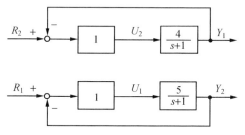

图 6.8 近似完全解耦系统方框图

二、重新整定控制器参数

对于系统之间的耦合,有些可以采用重新整定控制器参数的方法来加以克服。实验证明,减少系统耦合程度最有效的办法之一就是加大控制器的增益。下面仍以例 6.1 所给系统来说明。

假设将两个控制器的增益分别从 1 提高到 5,即 $G_{c1}=5$,$G_{c2}=5$,由图 6.5 可得

$$\begin{cases} U_1 = 5R_1 - 5Y_1 \\ U_2 = 5R_2 - 5Y_2 \end{cases} \quad \begin{cases} Y_1 = -3U_1 + 4U_2 \\ Y_2 = 5U_1 + U_2 \end{cases}$$

化简,得

$$\begin{cases} Y_1 = \dfrac{295}{298}R_1 + \dfrac{5}{149}R_2 \approx 0.9899R_1 + 0.03356R_2 \\ Y_2 = \dfrac{75}{1788}R_1 + \dfrac{870}{894}R_2 \approx 0.1786R_1 + 0.9973R_2 \end{cases}$$

由此可见,在稳态条件下,Y_1 基本上取决于 R_1;Y_2 基本上取决于 R_2。$\dfrac{Y_1}{R_1}$ 与 $\dfrac{Y_2}{R_2}$ 越接近于 1,则表明耦合程度 $\dfrac{Y_1}{R_1}$ 与 $\dfrac{Y_2}{R_2}$ 就越接近于零。与例 6.1 的分析结果比较,控制器的增益提高之后,尽管变量间的耦合关系仍然存在,但是耦合程度已经大大减弱。

从理论上讲,继续增加控制器的增益将使耦合程度进一步减小,但是控制器的增益并不能无限增大,因为它还要受系统的控制指标与稳定性的限制。

三、减少控制回路

把上述方法推到极限,次要控制回路的控制器取无穷大的比例度,此时这个控制回路不再存在,它对主要控制回路的关联作用也就消失了。例如,图 6.2 所示的流量和压力控制系统就可以根据需要,选择重要的变量控制,而另一变量控制回路调到手动状态。

四、串联解耦装置来消除耦合

在控制器输出端与执行器输入端之间,可以串联接入解耦装置 $D(s)$,基于前馈控制系统中的双通道原理,实现解耦,如图 6.9 所示。

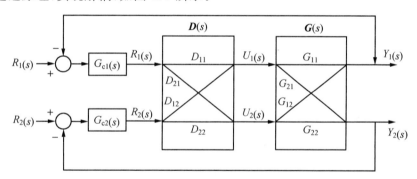

图 6.9 双输入双输出串联解耦控制系统

由图 6.9 可以看出:

$$\begin{cases} \boldsymbol{Y}(s) = \boldsymbol{G}(s)\boldsymbol{U}(s) \\ \boldsymbol{U}(s) = \boldsymbol{D}(s)\boldsymbol{P}(s) \end{cases} \tag{6.20}$$

以上两式合并,有

$$\boldsymbol{Y}(s) = \boldsymbol{G}(s)\boldsymbol{D}(s)\boldsymbol{P}(s) \tag{6.21}$$

由式(6.21)可以看出,只要能使得 $\boldsymbol{G}(s)\boldsymbol{D}(s)$ 相乘后成为对角矩阵,就解除了系统之间的耦合,两个控制回路就不再关联。具体来说,第一个控制回路的控制作用 u_1 通过交叉耦合通道 $G_{21}(s)$ 影响 y_2,对第二个控制回路来说,是一个扰动因素,现通过解耦装置补偿通道 $D_{21}(s)$ 产生相应的控制作用 u_2,以补偿 u_1 对 y_2 的影响。

这种串接补偿装置来消除耦合的方法近年来的研究与应用很广,下一节将对其设计和应用做一些介绍。

6.3 解耦控制系统设计

前面已分析过,串接解耦装置 $D(s)$ 的作用是使 $G(s)D(s)$ 的积成为对角矩阵,这样关联就消除了。要使 $G(s)D(s)$ 之积为对角矩阵,有三类方法。

一、对角矩阵法

这种方法

$$G(s)D(s) = \text{diag}[G_{ii}(s)] \tag{6.22}$$

即通过解耦,使各个系统的特性完全像原来的单回路控制系统那样。

因此,解耦装置 $D(s)$ 可以由式(6.22)求得

$$\begin{aligned}D(s) &= \begin{bmatrix} D_{11}(s) & D_{12}(s) \\ D_{21}(s) & D_{22}(s) \end{bmatrix} = \begin{bmatrix} G_{11}(s) & G_{12}(s) \\ G_{21}(s) & G_{22}(s) \end{bmatrix}^{-1} \begin{bmatrix} G_{11}(s) & 0 \\ 0 & G_{22}(s) \end{bmatrix} \\ &= \begin{bmatrix} G_{11}(s)G_{22}(s) & -G_{22}(s)G_{12}(s) \\ -G_{11}(s)G_{21}(s) & G_{11}(s)G_{22}(s) \end{bmatrix} / [G_{11}(s)G_{22}(s) - G_{21}(s)G_{12}(s)]\end{aligned} \tag{6.23}$$

这种方法求出的解耦装置各元素传递函数可能相当复杂。

二、单位矩阵法

单位矩阵法与式(6.22)相似,有

$$G(s)D(s) = I = \text{diag}[1,1,\cdots,1]$$

如

$$G(s)D(s) = \begin{bmatrix} 1 & 0 \\ 0 & 1 \end{bmatrix} \tag{6.24}$$

即通过解耦,使各个系统的对象特性成1:1的比例环节。此时,解耦装置 $D(s)$ 为

$$\begin{aligned}D(s) &= \begin{bmatrix} D_{11}(s) & D_{12}(s) \\ D_{21}(s) & D_{22}(s) \end{bmatrix} = \begin{bmatrix} G_{11}(s) & G_{12}(s) \\ G_{21}(s) & G_{22}(s) \end{bmatrix}^{-1} \\ &= \begin{bmatrix} G_{22}(s) & -G_{12}(s) \\ -G_{21}(s) & G_{11}(s) \end{bmatrix} / [G_{11}(s)G_{22}(s) - G_{21}(s)G_{12}(s)]\end{aligned} \tag{6.25}$$

由式(6.25)可知,单位矩阵法得到的解耦装置为对象传递矩阵的逆。

三、前馈补偿法

前馈补偿法借助前馈控制的思想,把交叉耦合信号当作干扰来处理,它们都是已知的。因此,只要在各个回路的控制器中恰当引入前馈输出补偿即可实现。以双输入双输出系统为例,只规定对角线以外的元素为零,这样也完全解除了耦合。但是各通道的传递函数并不是原来的 $G_{ij}(s)$,此时可取某些 $D_{ij}(s)=1$。这样做显得比较简单,故有人称之为简易解耦。在通道数目不多时,用常规仪表也很容易实现,故该方法具有很好的实用性。前馈解耦控制

系统方框图如图 6.10 所示。

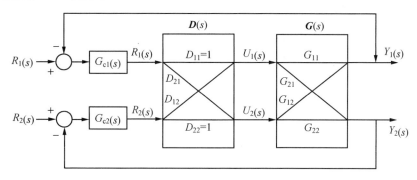

图 6.10 前馈解耦控制系统方框图

此时,取 $D_{11}(s)=D_{22}(s)=1$,解耦补偿装置 $D_{12}(s)$ 和 $D_{21}(s)$ 可根据前馈补偿原理求得

$$\begin{cases} G_{21}(s)+D_{21}(s)G_{22}(s)=0 \\ D_{21}(s)=-\dfrac{G_{21}(s)}{G_{22}(s)} \end{cases} \tag{6.26}$$

$$\begin{cases} G_{12}(s)+D_{12}(s)G_{11}(s)=0 \\ D_{12}(s)=-\dfrac{G_{12}(s)}{G_{11}(s)} \end{cases} \tag{6.27}$$

在需要时,也可令 $D_{21}(s)=D_{12}(s)=1$ 或 $D_{21}(s)=D_{22}(s)$ 或 $D_{12}(s)=D_{11}(s)=1$,按同样的原理可以求得解耦装置的传递函数。

6.4 解耦系统的简化及其工程实现

求出解耦补偿器的数学模型并不等于实现了解耦。实际上,计算出的解耦器一般比较复杂,往往为了补偿过程的时滞或纯时延而需要超前,有时甚至是高阶微分环节无法实现。因此,学习了解耦系统的综合方法后,还需要进一步研究其实现问题,才能使这种系统得到广泛的应用。

由解耦系统的各种综合方法可知,它们都是以获取过程的数学模型为前提,而工业过程千变万化,影响因素众多,要想得到精确的数学模型相当困难,即使采用机理分析方法或实验方法得到了数学模型,利用它们来设计解耦器往往也非常复杂,甚至难以实现。因此,有必要对过程的模型进行适当的简化。

在实际应用中,解耦控制系统的简化通常包括下列内容:

① 当系统中有快速和慢速两种类型的被控对象时,可将快速对象整定得响应快些,慢速对象整定得慢些,从而减小系统间的关联。

② 由几个时间常数组成的被控过程模型中,可将时间常数较小(小于最大时间常数的

0.1~0.2)的项忽略,简化模型,并进一步简化解耦装置。

③ 可尽量只采用静态解耦,不仅可简化解耦装置,而且容易实施。

④ 对于某些系统,如果动态解耦是必须的,则可像前馈控制系统一样,采用超前－滞后环节作为动态解耦装置的近似,仅仅需要调整超前和滞后的时间常数,从而简化解耦装置。

6.5 习　题

1. 常用的多变量系统解耦设计方法有哪几种？试说明其优缺点。
2. 为什么要对多变量耦合系统进行解耦设计？
3. 减少与消除耦合的方法有哪些？
4. 试简述对角矩阵法、单位矩阵法和前馈补偿法进行解耦设计的基本思路和解耦效果。
5. 在本章第一节中分析了搅拌储槽加热器,得知其变量间的耦合关系。已知该搅拌储槽加热器的数学模型为

$$G(s) = \begin{bmatrix} \dfrac{0.088}{(1+75s)(1+722s)} & \dfrac{0.1825}{(1+15s)(1+722s)} \\ \dfrac{0.282}{(1+10s)(1+1850s)} & \dfrac{0.4121}{(1+15s)(1+1850s)} \end{bmatrix}$$

试用单位矩阵法、对角矩阵法和前馈补偿法分别进行解耦设计。

第7章 计算机过程控制系统

计算机的应用改变了传统的工业生产方式,推动了生产过程自动化的发展。数字计算机在过程控制中的应用最早出现于20世纪60年代,用于替代常规仪表实现直接数字控制。随着微型计算机的出现,计算机过程控制从传统的集中控制系统变革为集散控制系统。随着计算机网络技术在工业过程领域的推广,以现场总线为标准、以微处理器为基础的现场仪表与控制系统之间进行全数字化、双向和多站通信的现场总线控制系统得到了快速发展,为实现企业的综合自动化提供了基础。

7.1 计算机过程控制系统结构

计算机过程控制系统的结构如图7.1所示。由图可见,计算机过程控制系统与简单控制系统一样,也是由被控过程、检测变送单元、控制器和执行器组成。但与之不同的是,这里的控制器采用微处理器、单片机、可编程序逻辑控制器或微型计算机等实现,取代了简单控制系统的模拟控制器。由于计算机只能接收数字信号,而检测变送单元和执行器的接口信号为模拟信号,所以在检测变送单元和执行器与计算机之间存在模拟/数字转换器与数字/模拟转换器。

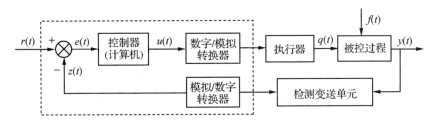

图7.1 计算机过程控制系统结构框图

7.1.1 计算机过程控制系统的结构特点

计算机过程控制系统相对于连续控制系统,具有以下主要特点:

在结构上,连续控制系统中各个环节都是用模拟器件来实现;而计算机过程控制系统中,控制器采用计算机实现,检测变送单元和执行器多采用模拟器件。因此,计算机过程控制系统通常是由模拟和数字器件构成的混合系统。

在信号形式上,连续控制系统中各点信号均为连续模拟信号;而计算机过程控制系统中存在多种信号形式,如连续模拟信号、离散模拟信号、离散数字信号、连续数字信号等。

在工作方式上,连续控制系统中,一个控制回路仅有一个控制器;而计算机过程控制系统中,一个由计算机实现的控制器可以同时为多个控制回路服务,采用依次巡回方式实现多路控制。为了节约巡回时间,充分发挥硬件作用,计算机控制器、模拟/数字转换器和数字/模拟转换器往往采用分时并行控制,即三个部件在同一时间针对三个不同回路工作。

在控制算法上,计算机过程控制系统中的控制算法是通过计算机软件实现的,而数字计算机具有丰富的逻辑判断能力和大容量的信息存储单元,因此,它可以实现许多在模拟控制系统中不能或者很难实现的复杂控制策略,以及灵活的控制任务。

在实现功能上,计算机过程控制系统的功能灵活,适应性强。连续控制系统中,控制算法越复杂,所需要的硬件也越多越复杂,而且如果要修改控制算法,就要改变硬件结构和参数;而计算机过程控制系统中,由计算机软件实现的控制算法修改方便,无须改变硬件。

7.1.2 计算机过程控制系统的组成

计算机控制系统已广泛应用于国防和工业领域,由于被控对象、控制功能及控制设备的不同,计算机控制系统是千变万化的。计算机过程控制系统的最基本特征为它是一个实时系统,由硬件和软件两大部分组成。

一、硬件组成

计算机过程控制系统的硬件一般由被控对象(生产过程)、过程通道、计算机、人机联系设备、控制操作台等部分组成,如图7.2所示。

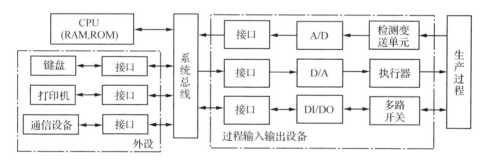

图7.2 计算机控制系统的一般硬件组成结构图

1. 主机

主机通常包括微处理器(CPU)和存储器(ROM,RAM),它是数字控制系统的核心。主机根据输入通道送来的命令和测量信息,按照预先编制好的控制程序,按照一定的控制规律进行信息处理、计算,形成的控制信息由输出通道送至执行器和有关设备。

2. 测量变送器和执行器

测量变送器包括数字测量变送器和模拟测量变送器。执行器根据需要可以接收模拟控制变量和数字控制变量。

3. 输入输出通道

输入输出通道又称过程通道。输入输出通道把计算机与测量元件、执行器、生产过程和被控对象连接起来,进行信息的传递和变换。输入输出通道一般可分为模拟量输入通道、数字量输入通道、模拟量输出通道和数字量输出通道。模拟量输入/输出通道主要由 A/D 转换器和 D/A 转换器组成。

4. 接口电路

输入输出通道、控制台等设备通过接口电路传送信息和命令,接口电路一般有并行接口、串行接口和管理接口。

5. 控制台

操作人员通过运行控制台与计算机进行"对话",随时了解生产过程和控制状态,修改控制参数、控制程序,发出控制命令,判断故障,进行人工干预等。

二、软件组成

计算机过程控制系统的硬件只是控制的驱体,各种软件是系统的大脑和灵魂。计算机控制装置配置了必要的软件,才能针对生产过程的运行状态,按照人的思维和知识进行自动控制,完成预定控制功能。计算机控制装置的软件通常分为两大类:系统软件和应用软件。

1. 系统软件

系统软件是主机基本配置的软件,一般包括操作系统、监视程序、诊断程序、程序设计系统、数据库系统、通信网络软件等。系统软件由计算机装置设计者和制造厂提供。控制系统设计人员要了解并学会使用系统软件,利用系统软件提供的环境,针对某控制系统的具体任务,为达到控制目的进行应用软件的设计工作。

2. 应用软件

应用软件是针对某一生产过程,依据设计人员对控制系统的设计思想,为达到控制目的而设计的程序。应用软件一般包括基本运算、逻辑运算、数据采集、数据处理、控制运算、控制输出、打印输出、数据存储、操作处理、显示管理等程序。

数据采集、数据处理程序服务于过程输入通道。控制输出程序服务于过程输出通道。控制运算程序是应用软件的核心,是实施系统控制方案的关键。

随着计算机硬件技术的日臻完善,软件工作的重要性日益突出。同样的硬件,配置高性能软件,可取得良好的控制效果。反之,可能达不到预定的控制目的。

由于应用软件是由控制系统设计者为实现本系统的特定功能而开发的软件,所以控制系统设计人员需对应用软件的设计工作量予以足够重视。

应用软件不仅应具有实时性、高可靠性,而且应具有软件抗干扰措施。

7.2 计算机过程控制系统的类型

计算机过程控制系统的体系结构发展经历了三个阶段：集中控制系统（Centralized Control System，CCS）、集散控制系统（Distributed Control System，DCS）、现场总线控制系统（Fieldbus Control System，FCS）。

1. 集中控制系统

如图 7.3 所示，集中控制系统由一台计算机、输入/输出设备和 CRT、键盘、打印机等外围设备实现控制功能。计算机根据采集到的生产过程参数信息，按预先编制的控制算法，自动地进行信息加工和处理，并实时地输出控制信号。外围设备实现人机交互和计算机之间的信息交换，输入/输出设备实现计算机与生产过程之间的信息传递。

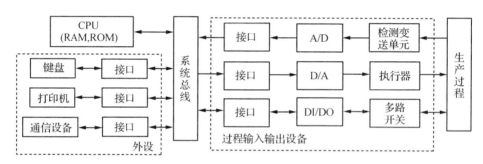

图 7.3 集中控制系统结构框图

该类系统的优点是整体性好、协调性好；计算机便于统一调度和安排控制方式，实现对数据库的有效管理，保证数据的一致性。

该类系统的缺点在于：由于各种功能集中在一台计算机上实现，所以当被控对象的任务数量增加时，系统的运行效率会下降，一旦计算机出现故障，可能会影响正常的生产运行；软件的可靠性不高。大量复杂的软件由于设计不良或本身的缺陷，容易致使实际运行中出现故障；检测点和执行器距离主机较远，传输信息的线路费用较高。

2. 集散控制系统

集散控制系统针对集中控制系统中存在的问题，对集中控制系统进行合理的分解，形成了单回路、多回路分散控制与集中监视操作相结合的分布式体系结构，运用现代控制理论和大系统理论实现优化控制，实现分级协调控制和管理自动化。其体系结构如图 7.4 所示。

集散控制系统的核心思想是"信息集中，控制分散"。如图 7.4 所示，一般地，它是由系统网络、现场控制站、操作员站和工程师站组成。其中，现场控制站、操作员站和工程师站都是由独立的计算机构成，完成数据采集、控制、监视、报警、系统组态、系统管理等功能。它们通过系统网络连接在一起，构成一个完整统一的系统，以此来实现分散控制和集中监视的目标。

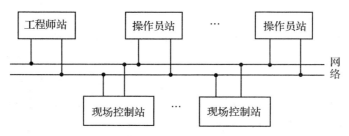

图 7.4 典型的集散控制系统结构框图

集散控制系统在系统处理能力、系统安全性和系统扩展性方面明显优于集中控制系统。集散控制系统通过多台计算机分担控制功能和范围,使处理能力大大提高,并将危险性分散。系统扩充时,只要根据需要增加所需节点,并修改相应的组态,即可完成。

3. 现场总线控制系统

随着传感器技术、通信技术、计算机技术的发展,传统的集散控制系统日益显露出其不足,如开放性差、分散不够;需要大量信号电缆,无法监控现场仪表设备;传输信号仍采用 DC 4~20 mA 模拟信号等。由此,以工业现场总线为基础,以 CPU 为处理核心,以数字通信为变送方式的现场总线控制系统应运而生。

如图 7.5 所示,现场总线控制系统包括现场总线和节点。现场总线是系统的核心,是连接现场智能设备与控制室的全数字式、开放、双向的通信网络。节点包括现场设备或现场仪表,如传感器、变送器、执行器等。这里不是指传统的单功能现场仪表,而是指具有综合功能的智能仪表,如温度变送器不仅具有温度信号变换和补偿功能,还具有 PID 控制和运算功能。

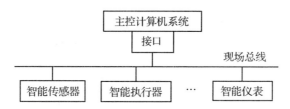

图 7.5 现场总线控制系统结构图

现场总线控制系统与传统的集散控制系统相比,具有以下特点:

① 系统结构实现了全分散化,由现场设备或现场仪表取代了集散控制系统中的现场控制站和操作员站。

② 信号传输实现了全数字化。

③ 技术和标准实现了全开放,现场设备具有互操作性,改变了集散控制系统中控制层的封闭性和专用性,不同厂家的现场设备既可互联也可互换,并可以统一组态,从而能降低系统投资成本,并减少运行费用。

④ 通信网络采用开放式互联网络,可极其方便地实现数据共享。

7.3 数据采集及数据转换

在生产过程中，大量存在的是连续变化的物理量，如温度、压力、流量等。这些量为模拟量，而数字计算机所能处理的是数字量，为在计算机与生产过程间架起一个信号桥梁，构建了工业计算机所特有的外围接口设备，即图 7.2 中的过程输入/输出设备，实现信号的变换、隔离、采集等。通过这些设备，生产过程中的所有工业参数（如模拟量、开关信号、脉冲与频率信号等）被转化为数字信号送入计算机，计算机发出的控制信号（如设定值、阀门开度等）转化为具体操作量送到执行器去控制生产过程。

按照信号流向与类型，可将过程输入/输出设备划分为模拟量输入、数字量输入、模拟量输出、数字量输出 4 种类型。

1. 模拟量输入

模拟量输入（Analog Input，AI）就是把来自被控过程的温度、压力、流量、料位和成分等模拟量信号转换成计算机可以处理的数字信号。

模拟量输入的核心就是模数转换器（Analog to Digital Converter，A/D 或 ADC），用于实现模拟量向数字量的转换，其主要指标有如下几个：

(1) 分辨力

从连续变化的模拟量转换成离散的数字量，包括采样与量化两个过程。采样是将模拟量转换为离散量，而量化则是用一个共同的单位量（称为量化单位）对每个采样值进行整量化，以便进行数字编码（通常采用二进制编码），得到数字输出。显然，量化单位越小，输出数字变化一个最小位所需要的输入模拟量就越小，即 A/D 转换器的分辨能力越强。因此，称量化单位为分辨力，即 A/D 转换器的输出每改变 1LSB 所对应输入模拟量的最小变化值。

设 A/D 转换器的最大输入幅值为 V，位数为 n，其分辨力为 $1LSB=V/(2^n-1)$。显然，分辨力与输入信号量程以及输出位数 n 有关，n 越大，分辨力越强。

(2) 转换精度

转换精度是指对应于一个给定数字量的实际模拟输入值与理论模拟输入值之间的差值，常用百分数表示。A/D 转换器的误差来源于零位误差、量化误差与非线性误差。其中，量化误差是由于采用有限数字对模拟数值进行离散取值而引起的，是 A/D 转换过程中不可避免的且不可能完全消除的主要误差。通过提高分辨力可减小量化误差。

(3) 转换时间与转换速率

转换时间是 A/D 转换器完成一次转换所需的时间；转换速率是转换时间的倒数。一般位数越多，转换时间越长。显然，转换时间越短，在一定时间内，计算机可以接收的过程数据越多。

模拟量输入通道通常做成采集板或模块的形式，其结构如图 7.6 所示。一般由多路开关、前置放大器、采样保持器（S/H）、模/数转换器、接口与控制电路等组成。其中，前置放大器和采样保持器可根据需要来选择。如果模拟输入电压信号已满足 A/D 转换量程要求,则不必再用前置放大器;如果在 A/D 转换期间,模拟输入电压信号变化微小,且在 A/D 转换精度之内,则不必选用采样保持器。此外,A/D 转换模板应具有通用性,比如符合总线标准,用户可任选接口地址、选单端输入或双端输入、前置放大器增益等。

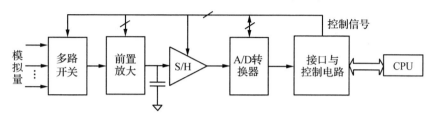

图 7.6 模拟量输入通道

模拟量输入通道的工作过程是:在 CPU 控制下,由接口控制电路控制多路开关将过程参数选中,经过前置放大器、采样保持器送到 A/D 转换器,并由控制电路启动 A/D 转换过程,转换完毕后,将结果经接口送入计算机。

模拟量输入通道的主要性能指标有:

① 输入通道数。通常有 4 路、8 路和 16 路等。

② 输入信号。输入信号通常为电压信号(如 0~10 V 或 1~5 V)和电流信号(如 4~20 mA)。

③ A/D 转换位数。通常为 8 位、10 位、12 位、14 位等。

④ 转换精度。指模拟量输入通道的实际输入值与理论值之间的偏差,常用百分数表示,如 0.01%、0.1% 等。

⑤ 线性度。理想的模拟量输入通道特性是线性的。在满刻度范围内,偏离理想转换特性的最大误差称为线性误差,常用百分数表示。

⑥ 采集时间或采集速度。采集一个有限数据所花的时间就是采集时间;采集速度是指每秒钟能采集的输入数据数目。

在选择模拟量输入通道时,不能盲目追求精度与速度,必须综合考虑,在满足需要的前提下,尽量选择性价比高的产品,这也是精度较高、速度较快的 12 位逐位逼近式 A/D 转换器在过程控制系统中得到广泛应用的原因。

2. 数字量输入

数字量又称开关量,是指生产过程中的电接点(通或断)信号或逻辑电平(0 或 1)信号,前者又称为触点式信号,后者又称为电压式信号。数字量输入就是将生产过程中的开关数字量传送给计算机中。

在数字量的采集过程中,为防止现场干扰信号窜入计算机,需采用隔离技术。通常使用光电耦合器实现数字输入信号的隔离,如图 7.7 所示。图 7.7(a)为触点输入方式。当开关触点 K 闭合时,发光二极管亮,光敏晶体管导通,输出高电平;反之,开关断开,发光二极管灭,光敏晶体管截止,输出低电平。图 7.7(b)为电压输入方式。当输入电压 V_i 为高电平时,发光二极管亮,光敏晶体管导通,输出高电平;反之,开关断开,发光二极管灭,光敏晶体管截止,输出低电平。

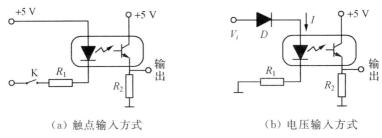

(a) 触点输入方式　　　　　　(b) 电压输入方式

图 7.7　光电隔离型数字量输入原理图

3. 模拟量输出

模拟量输出就是把计算机输出的数字量信号转换成模拟电压或电流信号,以便驱动相应的执行器,实现控制作用。

模拟量输出通道一般由接口电路、数/模转换器、输出电路等构成,如图 7.8 所示。其中,接口电路一般包括数据缓冲与寄存器、地址缓冲与译码器等;输出电路用于为执行器提供不同形式的输出信号。本电路的核心是数模转换器(Digital to Analog Converter,D/A 或 DAC)。

图 7.8(a)中,每个通道都有一个 D/A 转换器,因此不需要再采用保持器;而图 7.8(b)中,所有通道共用一个 D/A 转换器,因此,它必须在计算机控制下进行分时工作,需要设置保持电路。图 7.8(a)中电路需要的 D/A 转换器多,但可靠性高、速度快;而图 7.8(b)可节省 D/A 转换器,但速度慢、可靠性较差,所以不适用于快速系统。

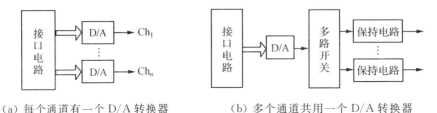

(a) 每个通道有一个 D/A 转换器　　　　(b) 多个通道共用一个 D/A 转换器

图 7.8　模拟量输出电路图

模拟量输出通道的主要性能指标有：

① 输出通道数。通常有 4 路、8 路、16 路等。

② 输出信号。输出信号通常为电压(如 0～10 V 或 10～5 V)和电流(如 DC 40～20 mA)。

③ 转换位数。通常为 8 位、10 位、12 位等。

④ 转换精度。指模拟量输出通道的实际输出值与理论值之间的偏差,常用百分数表示,如 0.01%、0.5% 等。

⑤ 线性度。线性误差用最低有效位 LSB 的分数来表示。

⑥ 输出响应(稳定)时间。输出达到稳定所需的时间。

与模拟量输入通道选型一样,模拟量输出通道也应在满足需要的前提下,尽量选择性价比高的产品。

4. 数字量输出

数字量输出就是将计算机输出的 0 或 1 信号转换成电平信号和接点信号。

数字量输出通道如图 7.9 所示。根据实际情况,计算机可以通过 I/O 接口电路直接对执行器进行控制,也可以通过半导体开关、继电器或固体继电器等实现控制,还可以输出一系列脉冲驱动步进电动机工作。

与数字输入通道一样,为防止干扰窜入计算机,数字量输出通道需设置隔离电路。常见的隔离电路有光电隔离、脉冲变压器隔离及干簧继电器隔离等。

7.4 先进过程控制方法

随着计算机在过程控制系统中的广泛应用,从 20 世纪 80 年代开始,针对工业过程本身的特点,控制界提出了一系列行之有效的先进过程控制方法。先进过程控制通常在计算机过程控制系统中用于处理复杂的多变量过程控制问题,如大迟延、多变量耦合、被控变量与控制变量存在着各种约束的时变系统等。先进控制是建立在常规控制基础上的动态协调约束控制,可使控制系统适应实际工业生产过程的动态特性和操作要求。目前应用得比较成功的先进过程控制方法有自适应控制、预测控制、模糊控制、神经网络控制和鲁棒控制等。以下仅对几种常用的先进控制方法予以概念性的简单介绍,详细内容可参考相关文献。

一、自适应控制

自适应控制是一种利用辨识器将对象参数进行在线估计,用控制器实现参数自动整定的控制技术。它可用于结构已知而参数未知但恒定的随机系统,也可用于结构已知而参数缓慢变化的随机系统。自适应控制系统在对象结构和参数、初始条件发生变化或目标函数的极值点发生漂移时,能够自动地维持在最优工作状态。

自适应控制的研究对象是具有一定程度不确定性的系统。所谓"不确定性"中,是指描述被控对象及其环境的数学模型不是完全确定的,其中包含一些未知因素和随机因素。

任何一个实际系统都具有不同程度的不确定性,这些不确定性有时表现在系统内部,有时表现在系统外部。从系统内部来讲,描述被控对象数学模型的结构和参数,设计者事先并不一定能确切知道。作为外部环境对系统的影响,可以等效地用许多扰动来表示。这些扰动通常是不可预测的,它们可能是确定性的,如常值负载扰动;也可能是随机性的,如海浪和阵风的扰动。此外,还有一些噪声从不同的测量反馈回路进入系统。这些随机扰动和噪声的统计特性常常是未知的,面对这些客观存在的各式各样的不确定性,如何设计适当的控制作用,使得某指定的性能指标达到并保持最优或近似最优,这就是自适应控制所要研究和解决的问题。

自从 20 世纪 50 年代末期由美国麻省理工学院提出第一个自适应控制系统以来,先后出现过许多不同形式的自适应控制系统。发展到现阶段,无论是从理论研究还是从实际应用的角度来看,比较成熟的自适应控制系统有下述两大类:模型参考自适应控制系统(Model Reference Adaptive System,MRAS)和自校正控制系统(Self-tuning Regulator,STR)。

模型参考自适应控制系统由参考模型、被控对象、反馈控制器和调整控制器参数的自适应机构等部分组成。这类控制系统包含两个环路:内环和外环。内环是由被控对象和控制器组成的普通反馈回路,而控制器的参数则由外环调整。

自校正控制系统的主要特点是具有一个被控对象数学模型的在线辨识环节,具体地说就是加入了一个对象参数的递推估计器。这种自适应控制器也可设想成由内环和外环两个环路组成,内环包括被控对象和一个普通的线性反馈控制器,外环由一个递推参数估计器和一个设计机构所组成,这个控制器的参数由外环调节。这种系统过程建模和控制的设计都是自动进行的,每个采样周期都要更新。强调控制器能自动校正自己的参数,以得到希望的闭环性能,因而将这种结构的自适应控制器称为自校正控制器。

应当指出的是,自适应控制比常规反馈控制要复杂得多,成本也高,只是在常规反馈控制达不到期望的性能时,才考虑采用。

二、预测控制

预测控制也称模型预测控制(Model Predictive Control,MPC),是 20 世纪 80 年代初开始发展起来的一类新型计算机控制算法。该算法直接产生于工业过程控制的实际应用中,并在与工业应用的紧密结合中不断完善和成熟。预测控制的主要特征是以预测模型为基础,采用二次在线滚动优化性能指标和反馈校正的策略,来克服受控对象建模误差和结构、参数与环境等不确定性的影响,有效地弥补了现代控制理论对复杂受控对象所无法避免的不足之处。模型预测控制算法由于采用了多步预测、滚动优化和反馈校正等控制策略,因而具有控制效果好、鲁棒性强、对模型精确性要求不高的优点。实际中大量的控制过程都具有非线性、不确定性和时变的特点,要建立精确的解析模型十分困难,所以经典控制方法如 PID 控制及现代控制理论都难以获得良好的控制效果。而模型预测控制具有的优点决定了该方法能够有效地用于复杂过程的控制,并且已在石油、化工、冶金、机械等工业部门的过程控制系统中得到了成功的应用。

目前提出的预测控制算法主要有基于非参数模型的模型算法控制(Model Arithmetic Control,MAC)和动态矩阵控制(Dynamic Matrix Control,DMC),以及基于参数模型的广义预测控制(Generalized Predictive Control,GPC)和广义预测极点配置控制(Generalized Predictive Pole Placement Control,GPPPC)等。其中,模型算法控制采用对象的脉冲响应模型,动态矩阵控制采用对象的阶跃响应模型,这两种模型都具有易于获得的优点;广义预测控制和广义预测极点配置控制是预测控制思想与自适应控制的结合,采用 CARIMA 模型(受控自回归积分滑动平均模型),具有参数数目少能够在线估计的优点,而广义预测极点配置控制进一步采用极点配置技术,提高了预测控制系统的闭环稳定性和鲁棒性。

广义预测控制是随着自适应控制的研究而发展起来的一种预测控制方法。由于各类最小方差控制器一般要求已知对象的时延,如果时延估计不准确,则控制精度将大大降低,极点配置自校正控制器对系统的阶次十分敏感。这种对模型精度的高要求,束缚了自校正控制算法在复杂的工业控制过程中的应用,人们期望能找到一种对数学模型要求低、鲁棒性强的自适应控制算法。在这种背景下,1987年,Clarke等人在保持最小方差自校正的在线辨识、输出预测、最小方差控制的基础上,吸取了现代控制理论中的优化思想,用不断地在线有限优化即所谓的滚动优化取代了传统的最优控制,提出了广义预测控制算法。由于在优化过程中利用测量信息不断进行反馈校正,所以这在一定程度上克服了不确定性的影响,增强了控制的鲁棒性,这些特点使其更符合工业过程控制的实际要求。

三、模糊控制

自从1965年美国加利福尼亚大学控制论专家Zadeh提出模糊数学以来,其理论和方法日臻完善,并且广泛地应用于自然科学和社会科学各领域。而把模糊逻辑应用于控制则始于1972年。模糊控制技术是建立在模糊数学基础上的,它是针对被控对象的数学模型不明确或非线性模型的一种工程实用、实现简单的控制方法。与传统的PID控制器相比,模糊控制器有更快的响应和更小的超调,对过程参数的变化不敏感,即具有很强的鲁棒性,能够克服非线性因素的影响。

模糊控制的重点不是研究被控对象或过程,而是建立在人工经验基础上,模仿人在控制活动中的模糊概念和控制策略,绕过建模的困难,通过在考察区域划分模糊子集,对获得的信息构造隶属度函数,再按照控制规则和推理法则做出模糊决策,从而对被控对象进行有效的控制。因此模糊控制可以对一个存在大量的模糊信息而难以精确描述,且无法建立适当数学模型的复杂非线性系统加以控制。实际上对于一个有经验的操作人员,他并不需要了解被控对象精确的数学模型,只需凭借其丰富的实践经验,采取适当的对策来巧妙地控制一个复杂过程。

模糊逻辑和模糊数学虽然只有短短的几十余年历史,但其理论和应用的研究已取得了丰富的成果。模糊控制在工业过程控制、机器人、交通运输等方面得到了广泛而卓有成效的应用。与传统控制方法(如PID控制)相比,模糊控制利用人类专家控制经验,对于非线性、复杂对象的控制显示了鲁棒性好、控制性能高的优点。

四、神经网络控制

传统的基于模型的控制方式,是根据被控对象的数学模型及对控制系统要求的性能指标来设计控制器,并对控制规律加以数学解析描述;模糊控制方式是基于专家经验和领域知识总结出若干条模糊控制规则,构成描述具有不确定性复杂对象的模糊关系,通过被控系统输出误差及误差变化和模糊关系的推理合成获得控制量,从而对系统进行控制。以上两种控制方式都具有显式表达知识的特点,而神经网络不善于显式表达知识,但是它具有很强的逼近非线性函数的能力,即非线性映射能力。把神经网络用于控制系统正是利用它的这个独特优点。

神经网络是在现代神经科学研究成果的基础上发展而来的,它是一种高度并行的信息处理系统,具有很强的自适应自学习能力,不依赖于研究对象的数学模型,对被控对象的系统参数变化及外界干扰有很好的鲁棒性,能处理复杂的多输入多输出非线性系统,因此在许多实际应用领域中取得了显著的成效。

人工神经系统的研究可以追溯到 1800 年 Frued 的精神分析学时期，他当时做了一些初步工作。1913 年人工神经系统的第一个实践是由 Russell 描述的水力装置。1943 年美国心理学家 Warren S McCulloch 与数学家 Walter H Pitts 合作，用逻辑的数学工具研究客观事件在神经网络中的描述，从此开创了对神经网络的理论研究。他们在分析、总结神经元基本特性的基础上，首先提出了神经元的数学模型，简称 MP 模型。从脑科学研究来看，MP 模型不愧为第一个用数理语言描述大脑的信息处理过程的模型。后来 MP 模型经过数学家的精心整理和抽象，最终发展成一种有限自动机理论，再一次展现了 MP 模型的价值，此模型沿用至今，一直影响着这一领域研究的进展。1949 年心理学家 D. O. Hebb 提出关于神经网络学习机理的"突触修正假设"，即突触联系效率可变的假设，现在多数学习机仍遵循 Hebb 学习规则。1957 年，Frank Rosenblatt 首次提出并设计制作了著名的感知机 (Perceptron)，第一次从理论研究转入过程实现阶段，掀起了研究人工神经网络的高潮。虽然，从 20 世纪 60 年代中期，MIT 电子研究实验室的 Marvin Minsky 和 Seymour Papret 就开始对感知机做深入的评判，并于 1969 年出版了 *Perceptron* 一书，对 Frank Rosenblatt 的感知机的抽象版本做了详细的数学分析，认为感知机神经网络基本上不是一个值得研究的领域，曾一度使神经网络的研究陷入低谷。但是，从 1982 年美国物理学家 Hopfield 提出 Hopfield 神经网络，1986 年 D. E. Rumelhart 和 J. L. McClelland 提出一种利用误差反向传播训练算法的 BP(Back Propa-gation)神经网络开始，在世界范围内再次掀起了神经网络的研究热潮。随着科学技术的迅猛发展，神经网络正以极大的魅力吸引着世界上众多专家、学者为之奋斗。难怪有关国际权威人士评论指出，目前对神经网络研究的重要意义不亚于第二次世界大战时对原子弹的研究。

所谓神经网络控制，即基于神经网络的控制，简称神经控制，是指在控制系统中采用神经网络这一工具对难以精确描述的复杂的非线性对象进行建模，或充当控制器，或优化计算，或进行推理，或故障诊断等，以及同时兼有上述某些功能的适应组合，将这样的系统统称为基于神经网络的控制系统，称这种控制方式为神经网络控制。

由于神经网络是从微观结构和功能上对人脑神经系统进行模拟而建立起来的一类模型，具有模拟人的部分智能的特性，主要是具有非线性、学习能力和自适应性，使神经网络控制能对变化的环境（包括外加扰动、量测噪声、被控对象的时变特性三个方面）具有自适应性，且成为基本上不依赖于模型的一类控制，所以决定了它在控制系统中应用的多样性和灵活性。

神经网络控制主要是为了解决复杂的非线性、不确定，不确知系统在不确定、不确知环境中的控制问题，使控制系统稳定性好、鲁棒性强，具有满意的动静态特性。为了达到要求的性能指标，处在不确定、不确知环境中的复杂的非线性不确定、不确知系统的设计问题，就成了控制研究领域的核心问题。

五、鲁棒控制

控制系统的鲁棒性研究是现代控制理论研究中一个非常活跃的领域，鲁棒控制问题最早出现在 20 世纪人们对于微分方程的研究中。1927 年 Black 首先在他的一项专利中应用了鲁棒控制。鲁棒性的英文拼写为 Robust，也就是健壮和强壮的意思。控制专家用这个名字来表示当一个控制系统中的参数发生摄动时，系统能否保持正常工作的一种特性或属性。就像人在受到外界病菌的感染后，是否能够通过自身的免疫系统恢复健康一样。

鲁棒性一般定义为在实际环境中为保证安全要求，控制系统最低必须满足的要求。一旦这个控制器设计好，它的参数不能改变，而且控制性能要得到保证。鲁棒控制的一些算法不需要精确的过程模型，但需要一些离线辨识。一般鲁棒控制系统的设计是以一些最差的情况为基础，因此一般该系统并不工作在最优状态。

鲁棒控制方法适用于将稳定性和可靠性作为首要目标的应用，同时过程的动态特性已知且不确定因素的变化范围可以预估。过程控制应用中，某些控制系统可以用鲁棒控制方法设计，特别是对那些比较关键且不确定因素变化范围大、稳定裕度小的对象。但是，鲁棒控制系统的设计要由高级专家完成。一旦设计成功，则无须太多的人工干预。另外，如果要升级或做重大调整，系统就要重新设计。

鲁棒控制理论不仅应用在工业控制中，还被广泛应用在经济控制、社会管理等很多领域。随着人们对控制效果要求的不断提高，系统的鲁棒性会越来越多地被人们所重视，从而使这一理论得到更快的发展。

7.5 习　题

1. 计算机过程控制系统与模拟过程控制系统有何异同？试画出计算机过程控制系统的结构框图。
2. 模拟量输入通道的主要性能指标有哪些？
3. 在数字量输入/输出通道中，为防止干扰，通常采取哪些措施？
4. 计算机过程控制系统的软件体系包括哪几部分，分别由哪几类程序实现？
5. 计算机过程控制系统的类型有哪些？
6. 什么是自适应控制？它有哪几种形式？
7. 什么是预测控制？它有哪几种形式？
8. 模糊控制的理论基础是什么？
9. 神经网络在控制中的主要作用是什么？它有哪些特征？
10. 什么是控制系统的鲁棒性？它与系统的稳定性有何区别？

第8章 过程控制系统设计及控制方案

8.1 过程控制系统的工程设计

过程控制系统的工程设计是指用图样资料和文件资料表达控制系统的设计思想和实现过程,并能按图样进行施工。它是生产过程自动化项目建设中的一个重要环节,也是强化工程实际观念、运用过程控制的相关知识进行设计的重要实践环节。

工程设计中一般要求设计者掌握控制理论的专业知识,熟悉自动化技术工具和常用元件的性能、使用方法、型号、规格及价格等信息,了解设计过程和有关工程实践知识,如设计方法、仪表的安装及调校等,学习相关控制工程设计的指导性文件。

工程设计的主要内容包括:在熟悉工艺流程、确定控制方案的基础上,完成工艺流程图和控制流程图的绘制;在仪表选型的基础上完成有关仪表信息的文件编制;完成控制室的设计及其相关条件的设计;完成信号联锁系统的设计;完成仪表供电、供气关系图及管线平面图的绘制以及控制室与现场之间水、电、气的管线位置图的绘制;完成与过程控制有关的其他设备、材料的选用情况统计及安装材料表的编制;完成抗干扰和安全设施的设计;完成设计文件的目录编写等。

一、工程设计的具体步骤

工程设计包括立项报告设计和施工图设计两个步骤。

1. 立项报告设计

立项报告设计用于为上级主管部门提供项目审批的依据,同时为订货做好准备。为保证立项报告的合理性和可行性,需要做好前期准备工作。一方面,要进行深入充分的前期调查,了解国内外同类项目目前的自动化程度及发展趋势,搜集与项目设计有关的参考图样、设计手册及标准规范,从中吸取有益经验和参考依据;另一方面,根据企业的实际情况,制定合理的质量目标和规划。

立项报告设计过程中需注意以下几个环节:确定控制方案以及电源、气源、仪表、控制室和仪表盘布置等;确定企业自身及其协作单位的设计任务分工;说明设计依据及其在国内外同行业中的采用情况;提供设备清单(价格、供货商等)、经费预算、参加人员等说明;预测并分析系统的经济效益等。

2．施工图设计

施工图设计是用于系统实施的具体技术文件和图样资料,主要包括图样目录、说明书、设备汇总表、设备装置数据表、材料表、连接关系表、测量管路和绝热伴热方式表、信号原理图、平面布置图、接线图、空视图、安装图、工艺管道和仪表流程图、接地系统图等。其中,接线图在电气施工中尤为重要,它除了要求注明仪表与仪表之间的连线关系外,还要注明连接端子的编号、接头号、所在设备号、去向号等。

上述设计内容是工程设计的一般原则。根据实施项目的规模大小、复杂程度等可以进行适当的增减,切忌生搬硬套。

二、控制系统的抗干扰和接地设计

仪表及控制系统的干扰会影响其工作精度,甚至造成系统瘫痪,引发安全事故。为此,分析干扰的来源,给出相应的消除措施,是工程设计的重要内容。

1．干扰的来源

仪表及控制系统的干扰主要来自以下几个方面。

（1）电磁辐射干扰

它由雷电、无线电广播、电视、雷达及电力网络和电气设备的暂态过程产生,具有空间分布范围大、强弱差异大、性质复杂等特点。

（2）引入线传输干扰

它主要通过电源引入线和信号引入线进入仪表和系统。一方面电网受到外部电磁波干扰和电力设备的影响,会产生感应（或冲击）电压和电流,并通过输电线路传至电源变压器一次侧,从而导致采用电网供电的工业控制机系统发生故障;另一方面,受到空间电磁辐射和共用信号仪表的供电电源影响,信号引入线上会产生电磁感应和电网干扰,引起 I/O 接口工作异常和测量精度的降低,甚至损坏元器件。

（3）接地系统干扰

工业控制系统中包括模拟地、逻辑地、屏蔽地、交流地和保护地等多种接地方式。接地系统混乱会使大地电位分布不均,导致不同接地点之间存在电位差,形成环路电流,影响系统正常工作。

（4）系统内部干扰

它主要来自系统内部元器件相互之间的电磁辐射,如逻辑电路相互辐射及对模拟电路的影响,模拟地与逻辑地的相互不匹配使用等。

2．抗干扰措施

针对上述仪表及控制系统的干扰,主要有以下几类抗干扰措施。

（1）隔离

常用的隔离方法有:保证绝缘材料的耐压等级,绝缘电阻必须符合规定;采用尽量减少干扰对信号影响的布线方式。例如,在平行敷设的动力线和信号线之间保持一定的间距,保证交叉敷设的动力线和信号线之间垂直金属汇线槽中的导线、电缆和电线用金属板隔开;采用隔离变压器、光耦合隔离器等隔离器件将供电系统与电气线路隔断。

(2) 屏蔽

屏蔽是用金属导体将被屏蔽的元器件、电路、信号线等包围起来的方法。它用于抑制电容性噪声耦合。

(3) 滤波

对由电源线或信号线引入的干扰,可设计不同的滤波电路进行抑制。例如,在信号线和地之间并接电容,可减少共模干扰;在信号两极间加装Ⅱ型滤波器,可减少差模干扰。

(4) 避雷保护

通常将信号线穿在接地的金属管内,或敷设在接地的、封闭的金属汇线槽内,使雷击产生的冲击电压与大地短接。

3. 接地系统及其设计

接地系统的主要作用是保护人身与设备的安全和抑制干扰。不良的接地系统会影响系统的正常工作,严重的会导致系统瘫痪。

接地系统分为保护性接地和工作接地两类。保护性接地是指将电气设备、用电仪表中不应带电的金属部分与接地体之间进行良好的金属连接,以保证这些金属部分在任何时候都处于零电位。在过程控制系统中,需要进行保护性接地的设备有:仪表盘及底盘,各种机柜、操作站及辅助设备,配电盘,用电仪表的外壳,金属接线盒、电缆槽、穿线管、铠装电缆的铠装层等。工作接地可以抑制干扰,提高仪表的测量精度,保证仪表系统能可靠地工作。工作接地包括信号回路接地、屏蔽接地和本质安全仪表系统接地,信号回路接地由仪表本身结构所形成的接地和为抑制干扰而设置的接地,如 DDZ-M 型仪表放大器公共端的接地;屏蔽接地,对电缆的屏蔽层、仪表外壳、汇线槽等所做的接地处理;本质安全仪表系统接地,本质安全仪表系统为了抑制干扰和具有本质安全性而采取的接地措施。

接地系统由接地线、接地汇流排、公用连接板、接地体等构成,如图 8.1 所示。

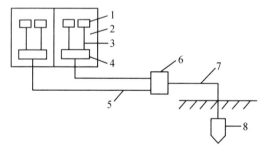

1—仪表;2—表盘;3—接线支线;4—接地汇流盘;5—接地分干线;
6—公用接线板;7—接地总干线;8—接地体

图 8.1 接地系统示意图

在设计中,接地连接方式和接地体的选择是核心问题。接地连接方式的选择通常包括三个部分。

(1) 保护性接地方式

将用电仪表、PLC、集散控制系统、工业控制机等电子设备的接地点与厂区电气系统接地网相连。

(2) 工作接地

当厂区电气系统接地网接地电阻较小、设备制造厂无特殊要求时,工作接地直接与电气系统接地网相连;当电气系统接地网接地电阻较大或设备制造有特殊要求时,则独立设置接地系统。

(3) 特殊要求接地方式

本质安全仪表应独立设置接地系统,并要求与电气系统接地网相距 5 m 以上。

同一信号回路、同一屏蔽层、各仪表回路和系统只能用一个(信号回路)接地点,各接地点之间的直流信号回路须隔离。仪表类型不同,信号回路的接地位置也不同。如二次仪表的信号公共线、电缆屏蔽线在控制室接地;接地型一次仪表则在现场接地。

接地体是指埋入大地并和大地接触的金属导体。接地线是指用电仪表和电子设备的接地部分与接地体连接的金属导体,一般使用多股铜芯绝缘电缆。接地电阻是指接地体对地电阻和接地线电阻的总和。接地电阻越小,接地性能越好,但受技术和经济因素的制约,需确定其合理的数值。保护性接地电阻一般为 4 Ω,最大不超过 10 Ω;工作接地电阻需根据设备制造厂的要求和环境条件确定,一般为 1~4 Ω,而且工作接地的接地线应接到接地端子或接地汇流排(25 mm、6 mm 铜条)。

8.2 精馏塔的自动控制

精馏是现代化工、炼油等工业生产中应用极为广泛的传质传热过程,其目的是将混合物中的组分分离,以达到规定的纯度。精馏过程的实质就是利用混合物各组分具有不同的挥发度,使液相中的轻组分转移到气相中,而气相中的重组分转移到液相中,从而实现分离的目的。

一般精馏装置由精馏塔塔身、冷凝器、回流罐以及再沸器等设备组成,如图 8.2 所示。在实际生产过程中,精馏操作可分为间歇精馏和连续精馏两种,工业生产主要采用连续精馏。精馏塔是精馏过程的关键设备,是一个非常复杂的对象。在精馏操作中,被控参数多,可以选择的控制参数也多,它们之间又可以有各种不同的组合,所以控制方案繁多。由于精馏塔对象的控制通道很多,反应缓慢,内在机理复杂,参数之间相互关联,加上工艺生产对控制要求又较高,因此在确定控制方案前必须深入分析工艺特性,总结实践经验,结合具体情况,才能设计出合理的控制方案。

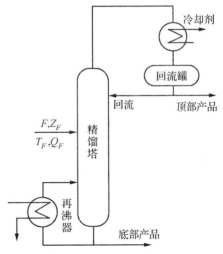

图 8.2 精馏塔的物料流程图

8.2.1 精馏塔的控制目标

精馏塔的控制目标是:在保证产品质量合格的前提下,回收率最高和能耗最低,或使塔的总收益最大,或总成本最小,一般应满足以下三个方面的要求。

1. 保证质量指标

在精馏塔的精馏过程中,一般应使塔顶或塔底产品中的一个产品符合工艺要求的纯度,另一个产品的组分亦应该保持在规定的范围之内。此时,应取精馏塔塔顶或塔底产品质量作为被控参数。这种控制系统称为精馏塔的质量控制系统。

质量控制系统需要应用能测出产品组分的分析仪器设备。由于目前的被测物料种类繁多,市场上还不能提供相应多种可用于实时测量的分析仪器设备。所以,直接的质量控制系统应用目前不多见,大多数情况下,是采用能间接控制质量的温度控制系统来代替,实践证明这样的实施办法是可行的。

2. 物料平衡和能量平衡

为了保证精馏塔的物料平衡和能量平衡,必须把物料进塔之前的主要可控干扰尽可能预先克服,同时尽可能缓和一些不可控的主要干扰。例如,可设置进料的温度控制、加热剂和冷却剂的压力控制、进料量的均匀控制系统等。为了维持塔的物料平衡,必须控制塔顶馏出液和釜底采出量,使它们之和等于进料量,而且两个采出量变化要缓慢,以保证精馏塔操作平稳。塔内的持液量应保持在规定的范围内波动,控制好塔内的压力稳定,对精馏塔的物料平衡和能量平衡是十分有必要的。

3. 满足约束条件

为确保精馏塔正常、安全运行,操作时必须使某些操作参数限制在约束条件之内。常用的精馏塔限制条件为液泛限、漏液限、压力限和临界温差限等。液泛限又称气相速度限,即塔内气相速度过高时,雾沫夹带现象十分严重,实际上是液相从下面塔板倒流到上面塔板,产生液泛会破坏塔的正常操作。漏液限又称气相最小速度限,当气相速度小于某一值时,将产生塔板漏液现象,使塔板效率下降。最好能在稍低于液泛的流速下操作。要防止液泛和漏液现象,可以通过塔压降或压差来监视气相速度。压力限是塔的操作压力的限制,一般设最大操作压力限,超限会影响塔内的气、液相平衡,严重超限甚至会影响安全生产。临界温差限主要是指再沸器两侧间的温差,当这一温差低于临界温差时,给热系数急剧下降,传热量也随之下降,就不能保证塔正常传热的需要。

8.2.2 精馏塔的干扰因素

在精馏塔的操作过程中,影响其质量指标的主要干扰因素如下。

1. 进料流量 F 的波动

进料流量 F 在很多情况下是不可控的,它的波动通常难以完全避免。如果一个精馏塔是位于整个工艺生产过程的起点,要使进料流量 F 恒定,可采用定值控制。然而,在多数情况下,精馏塔的处理量是由上一工序决定的。如果要使进料流量恒定,势必需要设置很大的中间储存物料的容器。工艺生产上新的设计思想是尽量减小或取消中间储槽,而是在上一工序中采用液位均匀控制系统来控制出料量,以使进料流量 F 的波动不至于剧烈。

2. 进料成分 Z_F 的变化

进料成分 Z_F 一般是不可控的,它的变化也是无法避免的,进料成分 Z_F 由上一工序或原料情况所确定。

3. 进料温度 T_F 及进料热焓 Q_F 的变化

进料温度 T_F 通常是比较恒定的,假如不恒定,可以先将进料进行预热,通过温度控制系统来使精馏塔的进料温度 T_F 恒定。然而,在进料温度恒定时,只有当进料状态全部是气态或全部是液态时,进料热焓 Q_F 才能恒定。当进料量是气液混相状态时,只有当气液两相的比例恒定,进料热焓 Q_F 才能恒定。为了保持精馏塔进料热焓的恒定,必要时可通过热焓控制的方法来维持热焓 Q_F 的恒定。

4. 再沸器加入热量的变化

当加热剂是蒸汽时,加入热量的变化往往是由蒸汽压力的变化而引起的,可以通过在蒸汽总管设置压力控制系统来加以克服,或者在串级控制系统的副回路予以克服。

5. 冷凝器内除去热量的变化

冷却过程热量的变化会影响回流量或回流温度,它的变化主要是由于冷却剂的压力或温度变化而引起的。一般情况下冷却剂温度的变化较小,而压力的波动可采用克服加热剂压力变化的方法予以控制。

6. 环境温度的变化

一般情况下,环境温度变化的影响较小。但在采用风冷器作冷凝器时,天气骤变与昼夜温差对塔的操作影响较大,会使回流量或回流温度发生改变。为此,可采用内回流控制的方法进行克服。内回流控制是指在精馏过程中,控制内回流量为恒定量或按某一规律变化的操作。

从上述干扰分析可知,进料量 F 和进料成分 Z_F 的变化是精馏塔操作的主要干扰,且往往是不可控的。其余干扰一般比较小,而且往往是可控的,或者可以采用一些控制系统预先加以克服。当然,有时并不一定,还需根据具体情况做具体分析。

8.2.3 精馏塔生产过程质量指标的选择

精馏塔生产过程最直接的质量指标就是产品的纯度。由于成分分析仪表应用于生产过程的实时性有局限,采用直接质量指标仍然很有限,在此重点讨论间接质量指标的选择。

最常用的间接质量指标是温度。这是因为对于一个二元组分的精馏塔而言,在塔内压力一定的条件下,温度与产品纯度之间存在着单值的函数关系。因此,如果压力恒定,则塔板的温度就间接反映了浓度。对于多元精馏塔而言,虽然情况比较复杂,但塔内压力恒定的条件下,塔板温度也可作为间接反映产品纯度的质量指标。

采用温度参数作为被控的产品质量指标时,选择塔内哪一点的温度或几点温度作为质量指标,这是非常关键的问题。常用的质量指标选定方案有如下几种。

1. 塔顶或塔底的温度控制

一般情况下,如果主要产品从塔顶部馏出时,应以塔顶温度作为控制指标,可以得到较好的操作效果。同样,如果主要产品是从塔底流出,则以塔底温度作为控制指标效果较好。为了保证另一产品质量在一定的规格范围内符合要求,塔的操作要有一定裕量。例如,如果主要产品在塔顶部馏出时,控制参数为回流量,再沸器的加热量要有一定的裕量,这样在任何可能的扰动条件下,塔底产品的规格都在一定的限度内符合工艺要求。

2. 灵敏塔板的温度控制

当对质量指标要求不高时,塔顶或塔底的温度基本可以代表塔顶或塔底的产品质量。然而,当分离的产品较纯时,在相邻塔顶或塔底的各塔板之间,温度差已经很小,这时塔顶或塔底的温度变化为 0.5 ℃,可能已超出产品质量的允许范围。因此,对温度仪表的灵敏度和控制精度都提出更高的要求,但实际上是很难满足的。解决这一问题的方法是,可以在塔顶或塔底与进料塔板之间选择灵敏塔的温度作为间接质量指标。

当精馏塔的操作经受干扰或接受控制作用时,塔内各板的组分浓度都会发生变化,各塔板的温度也将同时变化,但变化程度各不相同,在达到新的稳定之后,温度变化最大的那块塔板即称为灵敏塔板。

灵敏塔板的位置可以通过工艺计算求得,但是塔板效率不易准确估算,所以,最后还须根据实际情况通过实验确定。

3. 温差控制

在精密精馏过程中,由于对产品的纯度要求很高,而且塔顶与塔底产品的沸点温差一般都不大,可考虑采用温差控制。

采用温差作为反映产品质量指标的间接参数,能消除压力波动对产品质量的影响。在精馏塔控制系统中虽然设有塔内压力定值控制,但压力也会有微小波动,从而会引起产品浓度的变化,这对于一般产品纯度要求不高的精馏塔操作是符合要求的。如果是精密精馏,对产品纯度要求很高,很小的压力波动就足以影响产品的质量,这时若还采用温度作质量指标已经不能满足产品的质量要求了。温度的变化是产品的纯度和塔压力变化的结果,因此要考虑采用补偿或消除压力微小波动的影响。

选择温差信号作为质量指标时,如果塔顶馏出量为主要产品,应将一个温度检测点安装在塔顶或稍下一些的位置,即温度变化较小的位置;而另一个温度检测点要安装在灵敏塔板附近,即浓度和温度的变化都比较大的位置,然后取上述两点的温度差作为被控参数。这里,塔顶温度实际上起参比作用,因为塔压力的变化对两点温度都产生相同的影响,相减之后其压力波动的影响就几乎可抵消了,产品的纯度与温差就是单值的对应关系。

在石油化工、炼油等工业生产过程中,温差控制已较广泛地应用于精密精馏塔的产品质量控制系统中。要应用得好,关键在于好测温点选择、温差设定值合理以及操作工况稳定。

4. 双温差控制

在精馏塔进行精密精馏操作时,采用温差控制也存在一个不足之处,就是当物料的进料流量波动时,将会引起塔内成分的变化和塔内压力的变化。这时温差与产品的纯度就不再呈现单值对应关系,温差控制难以满足工艺生产对产品纯度的要求。采用双温差控制可克服这一不足,满足精密精馏操作的工艺要求。

如果塔顶重组分增加,会引起精馏段灵敏塔板温度有较大变化;如果塔底轻组分增加,则会引起提馏段灵敏塔板温度有较大变化。相对地,靠近塔底和塔顶处的温度变化较小。将温度变化最小的塔板分别称为精馏段参比塔板和提馏段参比塔板。若能分别将塔顶、塔底的两块参比塔板与两块灵敏塔板之间的温度梯度稳定控制,就能达到质量控制的目的,这就是双温差控制方法。

如图 8.3 所示是双温差控制方案。设 T_{11}、T_{12} 分别为精馏段参比塔板和灵敏塔板的温度,T_{21}、T_{22} 分别为提馏段参比塔板和灵敏塔板的温度,精馏段的温差 $\Delta T_1 = T_{12} - T_{11}$,提馏段的温差 $\Delta T_2 = T_{22} - T_{21}$,将这两个温差的差值 $\Delta T_d = \Delta T_1 - \Delta T_2$ 作为控制指标。从实际应用情况来看,只要合理选择灵敏塔板和参比塔板的位置,可使塔得到最大的分离度,得到更纯的塔顶产品和塔底产品。

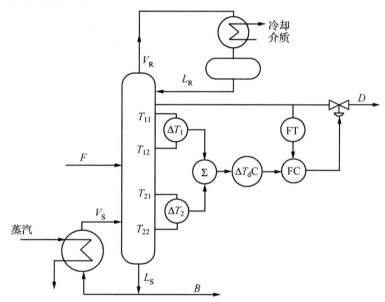

图 8.3 精馏塔双温差控制方案

采用了双温差控制后,进料流量波动引起塔压变化对温差的影响,在塔的精馏段和提馏段同时出现,这时精馏段温差减去提馏段温差的差值,就消除了压降变化对质量指标的影响。从应用双温差控制的许多精密精馏生产过程操作来看,在进料流量波动的影响下仍能获得符合质量指标的控制效果。

8.2.4 精馏塔生产过程的自动控制方案

精馏塔生产过程的控制目标是使塔顶和塔底的产品满足工艺生产规定的质量要求。精馏塔由于其生产的工艺要求和操作条件不同,控制方案种类繁多,这里仅讨论常见的塔顶和塔底均为液相时的基本控制方案。

对于有两个液相产品的精馏塔来说,质量指标控制可以根据主要产品的采出位置不同分为两种情况：一是主要产品从塔顶馏出时可采用按精馏段质量指标的控制方案；二是主要产品从塔底流出时可采用按提馏段质量指标的控制方案。

1. 按精馏段质量指标的控制方案

当以塔顶馏出液为主要产品时，往往按精馏段质量指标进行控制。这时，取精馏段某点浓度或温度作为被控参数，以塔顶的回流量 L、馏出量 D 或上升蒸汽量 V 作为控制参数，组成单回路控制系统。也可以根据实际情况选择副参数组成串级控制系统，迅速有效地克服进入副环的扰动，并可降低对控制阀特性的要求，这在需要进行精密精馏的控制中常常采用。

采用这种控制方案时，在 L、D、V 和 B 四者中选择一个参数作为控制产品质量指标的控制参数，选择另一个参数保持流量恒定控制，其余两个参数则按回流罐和再沸器的物料平衡关系设液位控制系统加以控制。同时，为了保持塔压的恒定，还应设置塔顶压力控制系统。

精馏段常用的控制方案可分为两类。

(1) 选择回流量 L 作为控制参数的质量控制方案

如图 8.4 所示，这种控制方案的优点是控制作用的滞后小，反应迅速，所以对克服进入精馏段的干扰和保证塔顶产品的质量是有利的，这也是精馏塔控制中最常见的控制方案。但在该方案中 L 受温度控制器控制，回流量的波动对精馏塔的平稳操作是不利的。所以在温度控制器的参数整定时，应采用比例加积分的控制规律，无须加微分作用。此外，再沸器加热量要维持稳定，而且应足够大，以便精馏塔在最大负荷运行时仍可保证产品的质量指标合格。

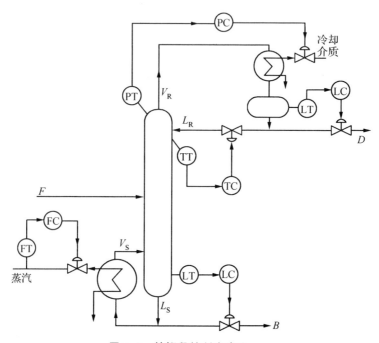

图 8.4 精馏段控制方案之一

(2) 选择塔顶馏出量 D 作为控制参数的质量控制方案

如图 8.5 所示，这种控制方案的优点是有利于精馏塔的平稳操作，对于在回流比较大的情况下，控制 D 要比控制 L 灵敏。还有一个优点是，当塔顶的产品质量不合格时，如果采用有积分作用的控制器，塔顶馏出量 D 会自动暂时中断，进行全回流操作，这样可确保得到的产品质量是合格的。

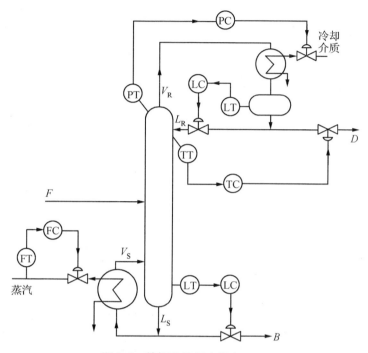

图 8.5　精馏段控制方案之二

然而，这类控制方案的控制通道滞后较大，反应较慢，从馏出量 D 的改变到控制温度的变化，要间接地通过回流罐液位控制回路来实现，特别是当回流罐容积较大时，控制反应就更慢，以至给控制带来困难。同样，该方案也要求再沸器加热量需要有足够的裕量，以确保在最大负荷运行时的产品质量。

2．按提馏段质量指标的控制方案

当以塔底采出液作为主要产品时，通常就按提馏段质量指标进行控制。这时，选择提馏段某点的浓度或温度作为被控参数。组成单回路控制系统或根据需要选择副参数组成串级控制系统来控制产品的质量，同时还需设置类似于精馏段控制方案中的辅助控制系统。

提馏段常用的控制方案也可分两类。

（1）选择再沸器的加热量作为控制参数的质量控制方案

如图 8.6 所示，这类方案采用塔内上升蒸汽量 V 作为控制参数，在动态响应上要比回流量 L 控制的滞后要小，反应迅速，所以对克服进入提馏段的干扰和保证塔底的产品质量有利。因此该方案是目前应用最广的精馏塔控制方案。但在该方案中，回流量要采用定值控制，而且回流量应足够大，以便当塔的负荷在最大运行时仍可确保产品的质量指标合格。

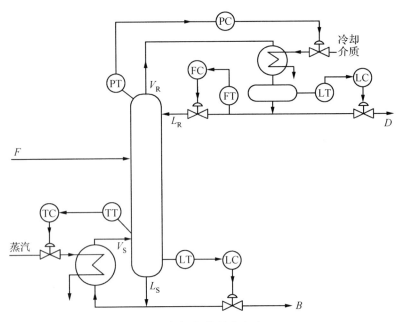

图 8.6 提馏段控制方案之一

(2) 选择塔底采出量作为控制参数的质量控制方案

如图 8.7 所示,这类控制方案如前所述,类似于精馏段选择 D 作为控制参数的方案那样,有其独特的优点和一些缺点。优点是当塔底采出量 B 较小时,操作比较稳定;当采出量 B 不符合产品的质量要求时,会自行暂停出料。其缺点是滞后较大而且液位控制回路存在着反向特性。同样,也要求回流量应足够大,以确保在最大负荷运行时的产品质量合格。

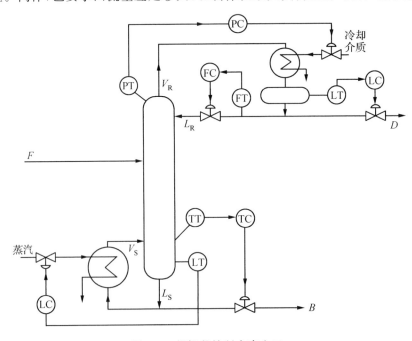

图 8.7 提馏段控制方案之二

8.3 干燥过程的控制系统设计

8.3.1 干燥过程的工艺要求

图 8.8 为乳化物干燥过程示意图。由于乳化物属于胶体物质，激烈搅拌容易固化，也不适于用泵来抽送，所以采用高位槽。浓缩的乳液由高位槽流经过滤器 A 和 B，滤除凝结块和杂质，再从干燥器顶部由喷嘴喷下。空气由鼓风机送至换热器，经蒸汽加热后，再与来自鼓风机的空气混合，经风管送至干燥器。干燥器内，混合热空气从容器底部自下而上吹入，蒸发掉乳液中的水分，使之成为粉状物，由底部随湿热空气一起送出进行分离。

生产工艺对干燥后的产品质量要求较高，水分含量不能波动太大，因此需要对干燥的温度进行严格控制，要求其波动在±2℃范围内。

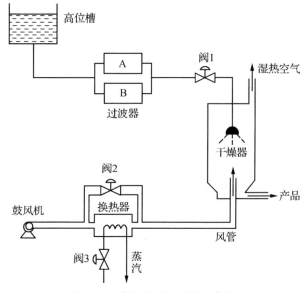

图 8.8 乳化物干燥过程示意图

8.3.2 控制方案的设计

1. 被控变量的选择

根据生产工艺过程，产品质量取决于粉状物的水分含量。但是考虑到水分检测仪表的精度较低、测量时延较大，所以选用间接变量作为被控变量。经分析，水分含量与干燥器温度密切相关且具有一一对应关系，温度又便于测量，因此，选用干燥器温度作为被控变量。系统要求温度必须控制在一个定值上，且波动范围为±2℃。

2. 控制变量的选择

根据工艺可知，影响干燥器温度的主要因素有乳液流量 $q_1(t)$，旁路空气流量 $q_2(t)$ 和加

热蒸汽流量 $q_3(t)$。其中任何一个变量都可以作为控制变量,构成温度控制系统。

(1) 选择乳液流量作为控制变量

如图 8.9 所示,乳液直接进入干燥器,控制通道的滞后最小,对干燥温度的校正作用最灵敏,而且干扰进入系统的位置远离被控量,所以将乳液量作为控制变量应该是最佳的控制方案。但是,由于乳液流量是生产负荷,工艺要求必须保持产量稳定,检测变送若作为控制变量,则很难满足工艺要求。因此,不宜选用乳液流量作为控制变量。

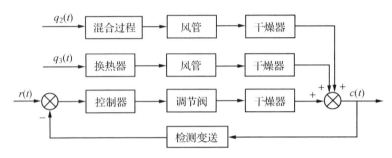

图 8.9　乳液流量作为控制变量时的系统框图

(2) 选择风量作为控制变量

如图 8.10 所示,旁路空气与热风相混合,经风管进入干燥器。相比图 8.10 所示的方案,它的控制通道存在纯滞后,对干燥温度校正作用的灵敏度较差,但可以通过缩短传输管道来减小纯滞后时间。

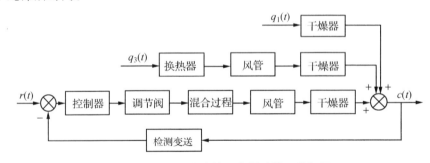

图 8.10　风量作为控制变量时的系统框图

(3) 选择蒸汽量作为控制变量

如图 8.11 所示,蒸汽需要经过换热器的热交换,才能改变空气温度。由于换热器的时间常数大,此方案的控制通道既存在容量滞后,又存在纯滞后,因此对干燥温度的校正作用灵敏度最差。

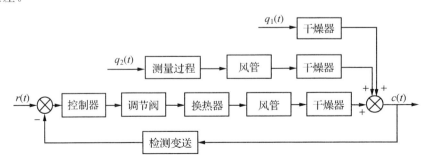

图 8.11　蒸汽量作为控制变量时的系统框图

综上所述,选择旁路风量作为控制变量比较合适。

3. 过程检测变送元件的选择

考虑到干燥器温度通常在 600℃ 以下,所以选用热电阻温度检测仪表。为提高检测精度,采用三线制接法,配接 DDZ-Ⅲ型温度变送器。

4. 执行器的选择

为确保生产过程安全,根据执行器选取原则,选用气关式执行器。根据过程特性和控制要求,选用具有对数流量特性的调节阀。根据被控介质流量的大小和调节阀流通能力及其尺寸的关系,确定调节阀的公称直径和阀芯的直径。

5. 控制器调节规律的选择及参数整定

由于执行器选用气关式,故 K_v 为负;当被控过程的输入空气增加时,干燥器的温度降低,故 K_o 为负;检测变送环节的 K_m 通常为正,所以为保证整个系统总的开环增益为正,控制器的静态增益 K_c 为正,即选用反作用控制器。

根据过程特性和工艺要求,选用 P 或 PID 控制规律,采用已介绍过的任何一种整定方法对控制器参数进行整定。

8.4 锅炉设备的控制

锅炉是石油、化工、发电等工业生产过程中必不可少的重要动力设备,它所产生的高压蒸汽不仅可以作为精馏、蒸发、干燥、化学反应等过程的热源,还可以为压缩机、风机等提供动力源。锅炉种类很多,按所用燃料分类,可分为燃煤锅炉、燃气锅炉、燃油锅炉,还有利用残渣、残油、释放气等为燃料的锅炉。按所提供蒸汽压力不同,又可分为常压锅炉、低压锅炉、常高锅炉、超高压锅炉等。不同类型的锅炉的燃料种类和工艺条件各不相同,但蒸汽发生系统的工作原理是基本相同的。

图 8.12 给出了常见的蒸汽锅炉的主要工艺流程图。其中,蒸汽发生系统由给水泵、给水控制阀、省煤器、汽包及循环管等组成。在锅炉运行过程中,燃料和空气按一定比例送入炉膛燃烧,产生的热量传给蒸汽发生系统,产生饱和蒸汽,然后经过过热蒸汽,形成满足一定质量指标的过热蒸汽输出,供给用户。同时燃烧过程中产生的烟气,经过过热器将饱和蒸汽加热成过热蒸汽后,再经省煤器预热锅炉给水和空气预热器预热空气,最后经引风机送往烟囱排入大气。

锅炉设备是一个复杂的控制对象,其主要的控制变量有燃料量、锅炉给水、减温水流量、送风量和引风量等;主要的被控量有汽包水位、过热蒸汽温度、过热蒸汽压力、炉膛负压等。这些控制变量与被控变量之间相互关联。例如,燃料量的变化不仅影响蒸汽压力,同时还会影响汽包水位、过热蒸汽温度、炉膛负压和烟气含氧量;给水量变化不仅会影响汽包水位,而且对蒸汽压力、过热蒸汽温度都有影响。因此锅炉设备是个多输入多输出且相互关联的控制对象。

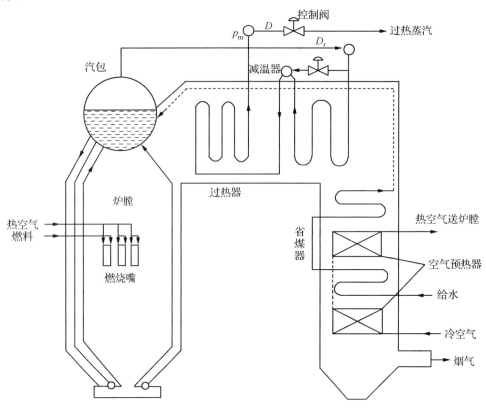

图 8.12　蒸汽锅炉的主要工艺流程

锅炉设备的控制任务是根据生产负荷的需要,提供具有一定压力或温度的蒸汽,同时要使锅炉在安全经济的条件下运行。其主要控制任务如下:

① 锅炉供应的蒸汽量应适应负荷变化的需要。
② 锅炉供给用汽设备的蒸汽压力保持在一定范围内。
③ 过热蒸汽温度保持在一定范围内。
④ 汽包中的水位保持在一定范围内。
⑤ 保持锅炉燃烧的经济性和安全运行。
⑥ 炉膛负压保持在一定范围内。

为了实现上述调节任务,将锅炉设备控制划分为如下几个主要控制系统。

1. 锅炉汽包水位的控制

被控变量是汽包水位,控制变量是给水流量。它主要是保持汽包内部的物料平衡,使给水量适应锅炉的蒸发量,维持汽包水位在工艺允许的范围内。这是保证锅炉、汽轮机安全运行的必要条件,是锅炉正常运行的主要标志之一。

2. 锅炉燃烧系统的控制

被控变量有三个,即蒸汽压力(或负荷)、烟气含氧量(经济燃烧指标)和炉膛负压。控制变量也有三个,即燃料量、送风量和引风量。这三个被控变量和三个控制变量相互关联。组成的燃烧控制系统方案,需要满足燃料燃烧时所产生的热量适应蒸汽负荷的需要;使燃料与空气量之间保持一定的比值,保证燃烧的经济性和锅炉的安全运行;使引风量和送风量相适应,保持炉膛负压在一定范围内。

3. 过热蒸汽系统的控制

被控变量是过热蒸汽,控制变量是减温器的喷水量。控制的目的是使过热器出口温度保持在允许范围内,并保证管壁温度不超过允许的工作温度。

下面分别讨论这三个控制系统的典型控制方案。

8.4.1 锅炉汽包水位的控制

汽包水位是锅炉运行的主要指标,保持水位在一定范围内是保证锅炉安全运行的首要条件。若汽包水位过高,会影响汽包内气水分离效果,饱和水蒸气将带水过多,会使过热器管壁结垢导致损坏,同时过热蒸汽的温度急剧下降。如果该过热蒸汽作为汽轮机动力的话,将会损坏汽轮机叶片。若致水位过低,由于汽包内的水量较少,当负荷很大时,水的汽化速度加快,若不及时加以控制,将使汽包内的水全部汽化,导致水冷壁烧坏,甚至引起爆炸。因此,必须对锅炉汽包水位进行严格控制。

一、汽包水位的动态特性

锅炉汽包水位系统流程如图 8.13 所示。影响汽包水位变化的因素有给水量变化、蒸汽流量变化、燃料量变化、汽包压力变化等,其中最主要的是蒸汽流量和给水量。

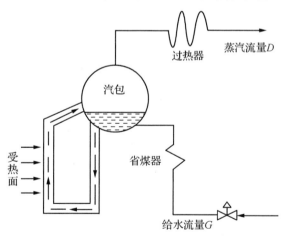

图 8.13 锅炉的汽包水位系统

1. 蒸汽流量对汽包水位的影响

在其他条件不变的情况下,蒸汽流量突然增加,瞬间必然会导致汽包压力下降,汽包内水的沸腾突然加剧,水中气泡迅速增加,气泡体积增大,使汽包水位升高(水量实际上在减少)。这种由于压力下降而非水量增加导致汽包水位上升的现象称为"虚假水位"现象。图 8.14 给出了在蒸汽流量扰动作用下,汽包水位的阶跃响应曲线。当蒸汽流量 D 突然增加 ΔD 时,从锅炉的物料平衡关系来看,蒸汽量大于给水量,水位应下降,如图 8.14 中的曲线 ΔH_1 所示。实际上,由于蒸汽流量的增加,瞬间必然导致汽包压力下降,汽包内的水沸腾突然加剧,水中气泡迅速增加,由于气泡容积增加而使水位变化的曲线如图 8.14 中的 ΔH_2 所示。而实际显示的水位响应曲线 ΔH 应为 ΔH_1 和 ΔH_2 的叠加,即 $\Delta H = \Delta H_1 + \Delta H_2$。由图 8.14 可看出,当蒸汽流量增加时,在开始阶段水位不会下降,反而先上升,然后再下降,这个现象称为"虚假水位"。蒸汽扰动时,水位变化的动态特性用传递函数表示为

$$\frac{H(s)}{D(s)} = \frac{H_1(s)}{D(s)} + \frac{H_2(s)}{D(s)} = -\frac{\varepsilon_f}{s} + \frac{K_2}{T_2 + 1} \tag{8.1}$$

式(8.1)中,ε_f 为蒸汽流量变化单位流量时水位的变化速度;K_2 为响应曲线 ΔH_2 的放大倍数;T_2 为响应曲线 ΔH_2 的时间常数。

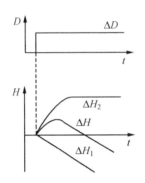

图 8.14　蒸汽流量阶跃扰动作用下的汽包水位响应曲线

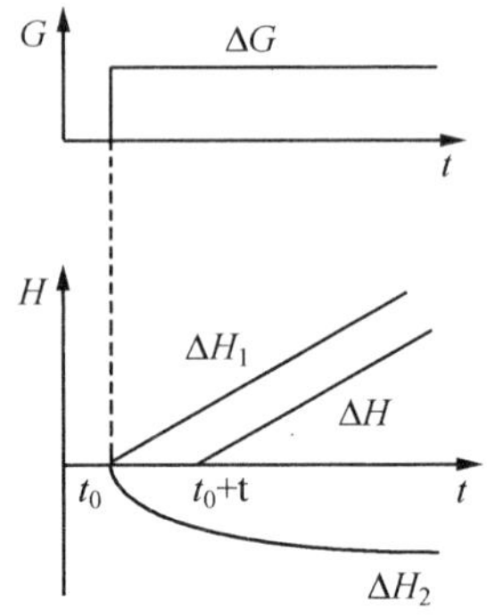

图 8.15　给水流量阶跃扰动作用下的汽包水位响应曲线

虚段水位变化的大小与锅炉的工作压力和蒸发量有关。一般蒸发量为 100～230 t/h 的中高压锅炉,当负荷变化 10% 时,假水位可达 30～40 mm。对于这种假水位现象,在设计控制方案时,必须加以注意。

2. 给水流量对汽包水位的影响

图 8.15 给出了给水流量作用下,水位的阶跃响应曲线。如果把汽包和给水看作单容无自衡对象,水位阶跃响应曲线如图 8.15 中的 ΔH_1 所示。但由于给水温度比汽包内饱和水的温度低,进入汽包后会从饱和水中吸收部分热量,所以当给水流量增加后,汽包中气泡总体积减小,导致水位下降。汽包中气泡总体积减小导致水位变化的阶跃响应曲线如图 8.15 中的 ΔH_2 所示。当给水流量增加时,汽包水位的实际响应曲线如图 8.15 中的 ΔH 所示,即当给水流量作阶跃变化后,汽包水位一开始并不立即增加,而是要呈现出一段起始惯性。用传递函数描述时,它近似为一个惯性环节和纯滞后环节的串联,可表示为

$$\frac{H(s)}{D(s)} = \frac{\varepsilon_0}{s} e^{-ts} \tag{8.2}$$

式(8.2)中,ε_0 为给水流量变化单位流量时水位的变化速度;t 为纯滞后时间。

给水温度越低,滞后时间 t 越大,一般 t 在 15～100 s 之间。如果采用省煤器,由于省煤器本身的延迟,会使 t 增加到 100～200 s 之间。

二、汽包水位控制方案

1. 单冲量控制系统

单冲量控制系统是以汽包水位为被控变量,以给水流量为控制变量的单回路汽包水位控制系统。这里的冲量指的是变量,单冲量即汽包水位。图 8.16 为一单冲量控制系统原理及方框图。这种控制系统结构简单,参数整定方便,是典型的单回路控制系统。对于小型锅炉,由于水在汽包内停留时间长,当蒸汽负荷变化时,假水位现象不明显,配上一些连锁报警装置,这种单冲量控制系统也可以满足工艺要求,并保证安全操作。对于中、大型锅炉,由于蒸汽负荷变化,假水位现象明显,当蒸汽负荷突然大幅度增加时,由于假水位现象,控制器不但不能开大控制阀增加给水量,以维持锅炉的物料平衡,反而要关小调节阀的开度,减少给水量。等到假水位现象消失后,汽包水位严重下降,严重时甚至会使汽包水位下降到危险限而导致事故发生。因此,中、大型锅炉不宜采用此控制方案。

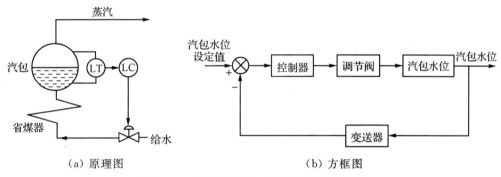

图 8.16 单冲量水位控制系统原理及框图

2. 双冲量控制系统

单冲量控制系统不能克服假水位的影响,汽包水位的主要扰动是蒸汽流量变化,如果系统除了汽包水位控制外,还能利用蒸汽流量变化信号对给水流量进行补偿控制,就可以消除或减小假水位现象对汽包水位的影响,而且能使给水调节阀及时调节,这就构成了双冲量控制系统,如图 8.17(a)所示,系统框图如图 8.17(b)所示。双冲量控制系统实质是一个前馈(蒸汽流量)加单回路反馈控制的前馈-反馈控制系统,当蒸汽流量变化时,调节阀及时按照蒸汽流量的变化情况进行给水流量补偿,而其他干扰对水位的影响由反馈控制回路克服。

图 8.17(a)中的加法器将控制器的输出信号和蒸汽流量变送器的信号求和后,控制给水调节阀的开度,调节给水流量。当蒸汽流量变化时,通过前馈补偿直接控制给水调节阀,使汽包进出水量不受假水位现象的影响而及时达到平衡,这样就克服了由于蒸汽流量变化而引起假水位变化所造成的汽包水位剧烈波动。加法器的具体运算如下:

$$I = C_1 I_C \pm C_2 I_F \pm I_0 \tag{8.3}$$

式(8.3)中,I 为控制器的输出;I_C 为水位控制器的输出;I_F 为蒸汽流量变送器(一般经开方)的输出;C_1、C_2 为加法器系数;I_0 为初始偏置值。

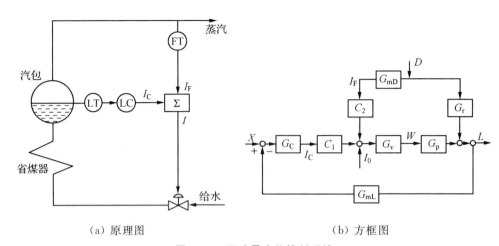

图 8.17 双冲量水位控制系统

现在来分析这些系统的设置。C_2 取正还是取负是根据调节阀是气开还是气关而定,确定的原则是蒸汽流量增加,气关式调节阀取负号,气开式调节阀取正号。C_2 数值的确定还要考虑到静态补偿,将 C_2 调整到只有蒸汽流量扰动时,汽包水位基本不变即可。C_1 的设置比较简单,可取 1,也可以小于 1。设置初始偏置 I_0 的目的是为了在正常蒸汽流量下,控制器和加法器的输出都有一个适中的数值,最好在正常负荷下 I_0 值与 $C_2 I_F$ 相抵消。

双冲量控制系统除了图 8.17(a)所示的接法外,还有其他形式的接法。将加法器放在控制器之前,因为水位上升与蒸汽流量增加时,阀门的动作方向相反,所以一定是图 8.18(a)将加法器放在控制器之前。因为水位上升与蒸汽流量增加时,阀门的动作方向相反,所以一定是信号相减。这样接的好处是省去加法器,使用的仪表比较少,因为一个双通道的控制器就可以实现加减和控制的功能。假设水位控制器采用单比例作用,则这种接法与图 8.17(a)可以等效转换,差别不大。但如果水位控制器采用 PI 作用,则这种接法不能保证水位的无差。只有把蒸汽流量信号经过微分,且不引入固定分量,才能使水位控制实现无差,如图 8.18(b)所示。

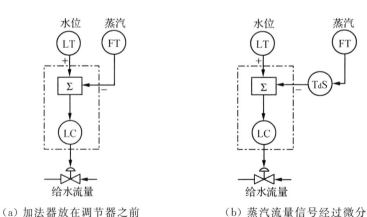

(a) 加法器放在调节器之前　　(b) 蒸汽流量信号经过微分

图 8.18 双冲量控制系统的其他接法

3. 三冲量控制系统

双冲量控制系统仍不能及时克服给水干扰,另外,由于调节阀的工作特性不一定完全是线性的,做到静态补偿也比较困难。为此可再将给水流量信号引入,构成三冲量控制系统,如图 8.19(a)所示,对应的控制系统框图如图 8.19(b)所示。从图中可看出,三冲量控制系统实质是由前馈和串级控制组成的复合控制系统。

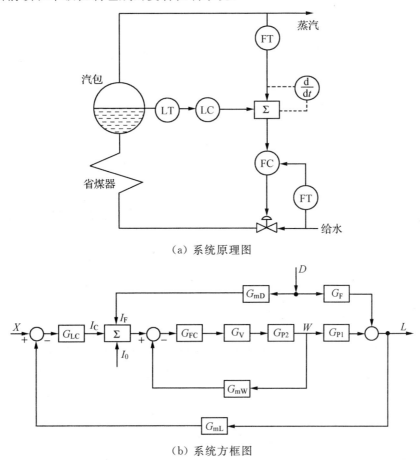

(a) 系统原理图

(b) 系统方框图

图 8.19 三冲量控制系统

三冲量水位控制系统加法器的运算功能与图 8.17(a)所示的双冲量汽包水位控制系统加法器的运算功能相同。参数选取方法是:C_1、I_0 和双冲量控制系统相同,C_2 可按下式取值:

$$C_2 = a \cdot \frac{D_{max} - D_{min}}{W_{max} - W_{min}} \tag{8.4}$$

式(8.4)中,$D_{max} - D_{min}$ 为蒸汽流量变送范围;$W_{max} - W_{min}$ 为给水流量变送范围;a 为一个大于 1 的常数,$a = \Delta W / \Delta D$。

有些锅炉控制系统采用比较简单的三冲量控制系统,只用一台控制器和一台加法器,加法器既可接在控制器之前,如图 8.20(a)所示,也可接在控制器之后,如图 8.20(b)所示。图中加法器的正、负号是针对采用气关阀正作用控制器的情况。图 8.20(a)接法的优点是使用的仪表少,只要一台多通道控制器即可实现。但如果系数设置不当,不能确保物料平衡,当负荷变化时,水位将有余差。图 8.20(b)的接法,水位无余差,但使用的仪表较多。

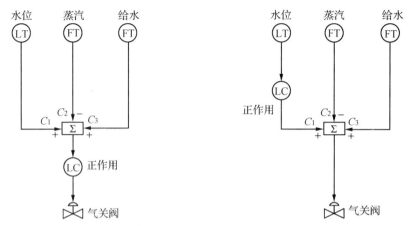

(a) 加法器可接在控制器之前 　　(b) 加法器可接在控制器之后

图 8.20　三冲量控制系统的简化接法

在汽包停留时间较短,蒸汽流量变化较大的情况下,为避免蒸汽流量突然增加或突然减小时,水位偏离设定值过高或过低造成锅炉停车,可采取在给水流量检测信号通道增加惯性环节,在蒸汽流量检测信号增加反向微分环节或在汽包水位检测信号通道增加微分环节等措施减小水位的波动幅度。

8.4.2　锅炉燃烧系统的控制

锅炉燃烧系统的控制目的是在保证生产安全和燃烧经济性的前提下,使燃料所产生的热量能够满足锅炉的需要。为了实现上述目标,锅炉燃烧系统的控制主要完成以下三个方面的任务。

(1) 使锅炉出口蒸汽压力稳定

为此需设置蒸汽压力控制系统,当负荷扰动而使蒸汽压力变化时,通过控制燃烧量(或送风量)使之稳定。

(2) 调节送风量与燃料量的比例,保证燃烧的经济性

不要因空气量不足而使烟囱冒黑烟,也不要因空气过量而增加热量损失。在蒸汽压力恒定的情况下,要使燃烧效率最高,即燃烧量消耗最少,且燃烧完全,燃料量与空气量(送风量)应保持一个合适的比值(或者烟气中含氧量应保持一定的数值)。

(3) 保持炉膛负压稳定

如果炉膛负压太小甚至为正,则炉膛内热烟气会往外冒,影响设备和操作人员的安全;如果炉膛负压太大,会使大量冷空气漏进炉内,从而增加热量损失,降低燃烧效率。一般通过调节引风量(烟气量)和送风量的比例使炉膛压力保持在设定值($-50\sim-20$ Pa)。

为了完成上述三项任务,有三个控制量与之对应:燃料量、送风量和引风量。显然,锅炉燃烧系统是一个多输入/输出控制系统。

一、蒸汽压力控制和燃料量与空气量比值控制

当锅炉燃料量增加时,炉膛热量增加,汽包内压力增加,使蒸汽流量增加,进而使蒸汽压力增大,最后达到新的平衡。在燃料量扰动 Δu 的作用下[图 8.21(a)],蒸汽流量 D 和蒸汽压力 P_M 的阶跃响应曲线分别如图 8.21(b)、8.21(c)所示。从图中可以看出,在其他条件不变的情况下,蒸汽流量和蒸汽压力的变化反映了锅炉燃料量的变化;反之,通过改变燃料量就可以控制蒸汽流量和蒸汽压力。理论上,通过调节燃料量来实现对蒸汽压力的控制是比较容易的,但考虑到燃烧系统本身比较复杂,变量、参数之间相互影响很大,尤其是燃料品种的多变,因此一般需单独设计一套燃料控制系统。

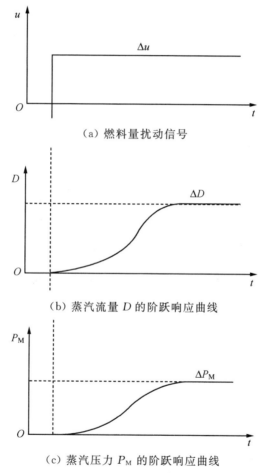

(a) 燃料量扰动信号

(b) 蒸汽流量 D 的阶跃响应曲线

(c) 蒸汽压力 P_M 的阶跃响应曲线

图 8.21 锅炉燃料增加时蒸汽流量 D 和蒸汽压力 P_M 的阶跃响应曲线

根据前面的分析可知,当蒸汽流量发生变化使得蒸汽压力偏离设定值时,可通过改变燃料量使蒸汽压力回复并保持在设定值。为了保证燃烧的经济性,同时还要控制送风量,以适应燃料量的变化。因此,可采用燃料量和空气量组成比值控制系统,使燃料与空气保持一定的比例,获得良好的燃烧效果。如图 8.22 所示是燃烧过程的基本控制方案,图 8.22(a)中的方案可以保持蒸汽压力恒定,同时燃料量和空气量的比例是通过燃料调节器和送风调节器的正确动作而得到间接保证的。图 8.22(b)中的蒸汽压力控制为主回路,送风量随燃料量

变化而变化的比值控制为副回路。这个方案在负荷发生变化时送风量变化必然落后于燃料量的变化。有时为了保证足够的送风量使燃料完全燃烧,在蒸汽流量(负荷)增大时,先增大送风量,再增加燃料量;在蒸汽流量减小时,先减少燃料量,再减小送风量。要实现以上要求必须对燃料量和送风量进行协调控制。现在常采用在双闭环比值控制系统的基础上增加选择控制环节,得到燃烧过程的改进控制方案,如图 8.23 所示。

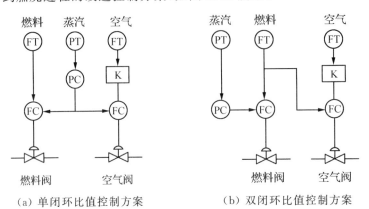

(a) 单闭环比值控制方案　　(b) 双闭环比值控制方案

图 8.22　燃烧过程的基本控制方案

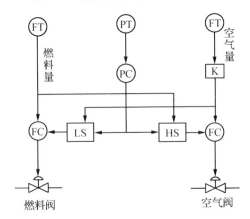

图 8.23　燃烧过程的改进控制方案

二、送风控制系统

为了使锅炉适应负荷的变化,必须同时改变送风量和燃料量,以维持过热蒸汽压力稳定,且保证燃烧的经济性。送风控制系统的目的是保持送风量和燃料量的最佳配比,使锅炉在高效率下运行。如果送风量和燃料量采用固定的比值控制系统,并不能保证整个生产过程中始终保持最经济燃烧。这是由于在不同的锅炉负荷下,送风量和燃料量的最优比值是不同的,而且燃料成分的变化和不同的流量测量精度都会不同程度地影响燃料的不完全燃烧或空气的过量,造成锅炉热效率下降。因此,最好有一个检查送风量和燃料量是否恰当配合的直接指标。

锅炉的热效(经济燃烧)主要反映在烟气成分和烟气温度两个方面。烟气中各种成分如 O_2、CO_2、CO 和未燃烧的烃的含量基本上可以反映燃料燃烧的情况,最简单的方法是用烟气

中氧含量 A_O 来表示。由燃烧反应方程式可计算出使燃料完全燃烧时所需的氧量,进而可得所需的空气量。一般把使燃料完全燃烧时所需的空气量称为理想空气量,用 O_T 来表示。但实际上完全燃烧所需的空气量 Q_P 要比理论计算的值多,即要有一定的过剩空气量。烟气的热损失占锅炉损失的绝大部分,当过剩空气量增多时,不仅会使炉膛温度下降,而且会使烟气热损失增多。因此,对于不同的燃料,过剩空气量都有一个最优值,即所谓的最经济燃烧,如图 8.24 所示。对于液体燃料,最优过剩空气量为 8%～15%。

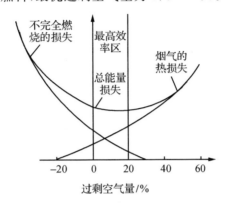

图 8.24 过剩空气量与能量损失的关系

过剩空气量常用过剩空气系数 α 来表示,即实际空气量 Q_P 与理论空气量 Q_T 之比:

$$\alpha = \frac{Q_P}{Q_T} \tag{8.5}$$

因此 α 是衡量经济燃烧的一种指标。α 很难直接测量,α 与烟气中的 O_2 含量之间有比较固定的关系:

$$\alpha = \frac{21}{21 - A_O} \tag{8.6}$$

图 8.25 给出了过剩空气量与烟气中含氧量及锅炉效率之间的关系。从图中可看出,锅炉效率最高时对应的 α 为 1.08～1.15,C_O 的最优值为 1.6%～3%。因此烟气中的 O_2 含量可作为直接测量经济燃烧的指标。

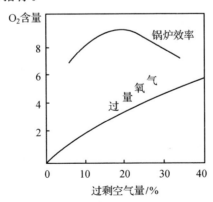

图 8.25 过剩空气量与烟气中含氧量及锅炉效率的关系

根据上述分析可知,只要在图 8.23 所示的控制方案的基础上对进风量用烟气含量加以校正,就可构成如图 8.26 所示的烟气中含氧量的闭环控制方案。在此控制系统中,只要把含氧量成分控制器的给定值按正常负荷下烟气含氧量的最优值设定,就能使过剩空气量系数 α 稳定在最优值,保证锅炉燃烧最经济。

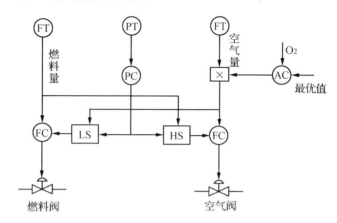

图 8.26　烟气中氧含量的闭环控制方案

三、炉膛负压控制系统

炉膛负压控制系统的任务是调节烟道引风机的引风量,将炉膛负压控制在设定值。为了保证人身和设备的安全以及锅炉的经济运行,一般要求炉膛负压略低于大气压,所以炉膛压力一般称为炉膛负压。引风控制的惯性很小,控制通道和干扰通道的特性都可近似地认为是一个比例环节。炉膛负压对象是一类特殊的被控对象,简单的单回路控制系统不能保证被控质量,因为被调量太灵敏以致会激烈跳动,而空气流量又存在脉动。因此需要采用滤波器进行滤波,以消除高频脉动,保持控制系统平稳。炉膛负压反映了送风量和引风量之间的平衡关系,为了提高控制质量,可对炉膛负压的主要扰动送风量进行前馈补偿。这就构成了炉膛负压前馈-反馈复合控制系统,如图 8.27 所示。

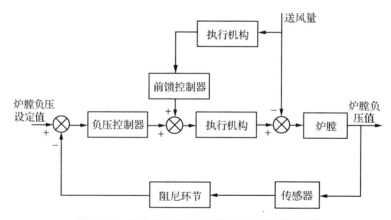

图 8.27　炉膛负压前馈-反馈复合控制系统框图

综上所述,锅炉燃烧控制系统是由燃料量、送风量和炉膛负压三个相互联系、相互协调的控制子系统组成。其中,燃烧控制子系统通过控制燃料量和送风量的比值使蒸汽压力稳定在设定值;送风量控制子系统保证锅炉燃烧的高效率;炉膛负压控制子系统保持炉膛负压值稳定。这三个控制子系统组成一个不可分割的整体,统称为锅炉燃烧控制系统,共同保证锅炉燃烧系统运行的安全性和经济性。

8.4.3 过热蒸汽系统的控制

过热蒸汽系统的主要任务是使过热器的出口温度维持在工艺要求允许的范围之内,并保护过热器,使管壁不超过允许的工作温度。蒸汽过热系统包括一级过热器、减温器和二级过热器。

过热蒸汽温度是锅炉水通道中温度最高的地方的温度,对过热蒸汽温度的控制直接影响全厂的热效率和设备的安全运行。正常运行时,过热器的温度一般接近材料所允许的最高温度。过热蒸汽温度过高或过低,对锅炉运行及蒸汽用户设备都是不利的。过热蒸汽温度过高,则过热器容易损坏,汽轮机也会因为内部过度膨胀而严重影响安全运行;过热蒸汽温度过低,一方面会使设备的工作效率降低,另一方面会使汽轮机后几级的蒸汽湿度增加,引起叶片磨损。所以必须把过热器的出口温度维持在工艺要求允许的范围之内。

影响过热蒸汽温度的因素很多,主要有蒸汽流量、流经过热器的烟气温度、流速和燃烧工况等。在各种扰动下,气温控制过程动态特性都有较大的时滞和惯性,这给控制带来一定的困难。因此必须合理选择控制变量和控制方案。目前常采用减温水流量作为控制变量,过热器出口温度作为被控变量。由于控制通道的时间常数及纯滞后时间均较大,组成单回路控制系统往往不能满足生产工艺的要求,可采用如图 8.28 所示的串级控制方案。此方案采用减温器出口温度为副被控变量,这样可提前克服一些扰动因素,因此可以提高对过热蒸汽温度的控制质量。有时还可采用如图 8.29 所示的双冲量控制系统。这种方案实质上是串级控制系统的变形,它将减温器出口温度的微分信号作为一个冲量。减温器出口温度没变化时,该微分信号为零,此系统与单回路控制系统相同;减温器出口温度发生变化时,该微分信号不为零,其作用与串级控制系统的副被控变量相似。

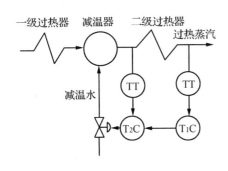 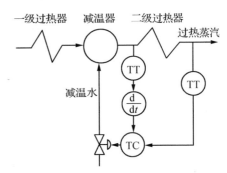

图 8.28 过热蒸汽温度串级控制系统　　　图 8.29 过热蒸汽温度双冲量控制系统

8.5 习 题

1. 过程控制系统的工程设计的具体步骤是什么？
2. 仪表及控制系统存在哪些干扰，克服这些干扰的主要措施有哪些？
3. 在接地系统中，什么是保护性接地，如何实现？
4. 工程设计的主要内容有哪些？
5. 在过程控制系统设计中，"有效接地"的意义是什么？
6. 如图 8.30 所示为电厂锅炉燃烧过程中炉膛压力控制系统，为了保证炉膛安全，一般要求炉膛压力略低于大气压力，保持在微负压：$-8 \sim -2$ mmH$_2$O（1 mmH$_2$O$=9.806\,65$ Pa）。引入送风量 F_iT 作为前馈信号，与引风量 F_oT 一同构成前馈反馈-复合控制系统，试简述该系统炉膛压力控制过程，并指出控制器类型（说明调节规律的正反作用）。

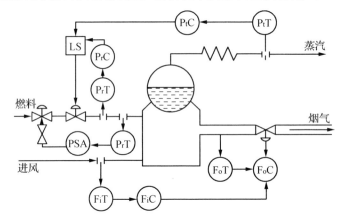

图 8.30 炉膛压力控制系统

附录

附录 A：仪表分度表

表 A.1　铂铑 10-铂热电偶（S 型）分度表（ITS-90）

温度/℃	0	10	20	30	40	50	60	70	80	90
	热电动势/mV									
0	0.000	0.055	0.113	0.173	0.235	0.299	0.365	0.432	0.502	0.573
100	0.645	0.719	0.795	0.872	0.950	1.029	1.109	1.190	1.273	1.356
200	1.440	1.525	1.611	1.698	1.785	1.873	1.962	2.051	2.141	2.232
300	2.323	2.414	2.506	2.599	2.692	2.786	2.880	2.974	3.069	3.164
400	3.260	3.356	3.452	3.549	3.645	3.743	3.840	3.938	4.036	4.135
500	4.234	4.333	4.432	4.532	4.632	4.732	4.832	4.933	5.034	5.136
600	5.237	5.339	5.442	5.544	5.648	5.751	5.855	5.960	6.065	6.169
700	6.274	6.380	6.486	6.592	6.699	6.805	6.913	7.020	7.128	7.236
800	7.345	7.454	7.563	7.672	7.782	7.892	8.003	8.114	8.255	8.336
900	8.448	8.560	8.673	8.786	8.899	9.012	9.126	9.240	9.355	9.470
1 000	9.585	9.700	9.816	9.932	10.048	10.165	10.282	10.400	10.517	10.635
1 100	10.754	10.872	10.991	11.110	11.229	11.348	11.467	11.587	11.707	11.827
1 200	11.947	12.067	12.188	12.308	12.429	12.550	12.671	12.792	12.912	13.034
1 300	13.155	13.397	13.397	13.519	13.640	13.761	13.883	14.004	14.125	14.247
1 400	14.368	14.610	14.610	14.731	14.852	14.973	15.094	15.215	15.336	15.456
1 500	15.576	15.697	15.817	15.937	16.057	16.176	16.296	16.415	16.534	16.653
1 600	16.771	16.890	17.008	17.125	17.243	17.360	17.477	17.594	17.711	17.826
1 700	17.942	18.056	18.170	18.282	18.394	18.504	18.612	—	—	—

表 A.2 镍铬-镍硅热电偶(K型)分度表

温度/℃	0	10	20	30	40	50	60	70	80	90
	热电动势/mV									
0	0.000	0.397	0.798	1.203	1.611	2.022	2.436	2.850	3.266	3.681
100	4.095	4.508	4.919	5.327	5.733	6.137	6.539	6.939	7.338	7.737
200	8.137	8.537	8.938	9.341	9.745	10.151	10.560	10.969	11.381	11.793
300	12.207	12.623	13.039	13.456	13.874	14.292	14.712	15.132	15.552	15.974
400	16.395	16.818	17.241	17.664	18.088	18.513	18.938	19.363	19.788	20.214
500	20.640	21.066	21.493	21.919	22.346	22.772	23.198	23.624	24.050	24.476
600	24.902	25.327	25.751	26.176	26.599	27.022	27.445	27.867	28.288	28.709
700	29.128	29.547	29.965	30.383	30.799	31.214	31.214	32.042	32.455	32.866
800	33.277	33.686	34.095	34.502	34.909	35.314	35.718	36.121	36.524	36.925
900	37.325	37.724	38.122	38.915	38.915	39.310	39.703	40.096	40.488	40.879
1 000	41.269	41.657	42.045	42.432	42.817	43.202	43.585	43.968	44.349	44.729
1 100	45.108	45.486	45.863	46.238	46.612	46.985	47.356	47.726	48.095	48.462
1 200	48.828	49.192	49.555	49.916	50.276	50.633	50.990	51.344	51.697	52.049
1 300	52.398	52.747	53.093	53.439	53.782	54.125	54.466	54.807	—	—

表 A.3 铂铑30-铂铑6热电偶(B型)分度表

温度/℃	0	10	20	30	40	50	60	70	80	90
	热电动势/mV									
0	−0.000	−0.002	−0.003	0.002	0.000	0.002	0.006	0.11	0.017	0.025
100	0.033	0.043	0.053	0.065	0.078	0.092	0.107	0.123	0.140	0.159
200	0.178	0.199	0.220	0.243	0.266	0.291	0.317	0.344	0.372	0.401
300	0.431	0.462	0.494	0.527	0.516	0.596	0.632	0.669	0.707	0.746
400	0.786	0.827	0.870	0.913	0.957	1.002	1.048	1.095	1.143	1.192
500	1.241	1.292	1.344	1.397	1.450	1.505	1.560	1.617	1.674	1.732
600	1.791	1.851	1.912	1.974	2.036	2.100	2.164	2.230	2.296	2.363
700	2.430	2.499	2.569	2.639	2.710	2.782	2.855	2.928	3.003	3.078
800	3.154	3.231	3.308	3.387	3.466	3.546	2.626	3.708	3.790	3.873
900	3.957	4.041	4.126	4.212	4.298	4.386	4.474	4.562	4.652	4.742
1 000	4.833	4.924	5.016	5.109	5.202	5.2997	5.391	5.487	5.583	5.680
1 100	5.777	5.875	5.973	6.073	6.172	6.273	6.374	6.475	6.577	6.680

续表

温度/℃	0	10	20	30	40	50	60	70	80	90
	热电动势/mV									
1 200	6.783	6.887	6.991	7.096	7.202	7.038	7.414	7.521	7.628	7.736
1 300	7.845	7.953	8.063	8.172	8.283	8.393	8.504	8.616	8.727	8.839
1 400	8.952	9.065	9.178	9.291	9.405	9.519	9.634	9.748	9.863	9.979
1 500	10.094	10.210	10.325	10.441	10.588	10.674	10.790	10.907	11.024	11.141
1 600	11.257	11.374	11.491	11.608	11.725	11.842	11.959	12.076	12.193	12.310
1 700	12.426	12.543	12.659	12.776	12.892	13.008	13.124	13.239	13.354	13.470
1 800	13.585	13.699	13.814	—	—	—	—	—	—	—

表A.4 镍铬-铜镍(康铜)热电偶(E型)分度表

温度/℃	0	10	20	30	40	50	60	70	80	90
	热电动势/mV									
0	0.000	0.591	1.192	1.801	2.419	3.047	3.683	4.329	4.983	5.646
100	6.317	6.996	7.683	8.377	9.078	9.787	10.501	11.222	11.949	12.681
200	13.419	14.161	14.909	15.661	16.417	17.178	17.942	18.710	19.481	20.256
300	21.033	21.814	22.597	23.383	24.171	24.961	25.754	26.549	27.345	28.143
400	28.943	29.744	30.546	31.350	32.155	32.960	33.767	34.574	35.382	36.190
500	36.999	37.808	38.617	39.426	40.236	41.045	41.853	42.662	43.470	44.278
600	45.085	45.891	46.697	47.502	48.306	49.109	49.911	50.713	51.513	52.312
700	53.110	53.907	54.703	55.498	56.291	57.083	57.873	58.663	59.451	60.237
800	61.022	61.806	62.588	63.368	64.147	64.924	65.700	66.473	67.245	68.015
900	68.783	69.549	70.313	71.075	71.835	72.593	73.350	74.104	74.857	75.608
1 000	76.358	—	—	—	—	—	—	—	—	—

表A.5 铁-铜镍(康铜)热电偶(J型)分度表

温度/℃	0	10	20	30	40	50	60	70	80	90
	热电动势/mV									
0	0.000	0.507	1.019	1.536	2.058	2.585	3.115	3.649	4.186	4.725
100	5.268	5.812	6.359	6.907	7.457	8.008	8.560	9.113	9.667	10.222
200	10.777	11.332	11.887	12.442	12.998	13.553	14.108	14.663	15.217	15.771
300	16.325	16.879	17.432	17.984	18.537	19.089	19.640	20.192	20.743	21.295

续表

温度/℃	0	10	20	30	40	50	60	70	80	90
	热电动势/mV									
400	21.846	22.397	22.949	23.501	24.054	24.607	25.161	25.716	26.272	26.829
500	27.388	27.949	28.511	29.075	29.642	30.210	30.782	31.356	31.933	32.513
600	33.096	33.683	34.273	34.867	35.464	36.066	36.671	37.280	37.893	38.510
700	39.130	39.754	40.382	41.013	41.647	42.288	42.922	43.563	44.207	44.852
800	45.498	46.144	46.790	47.434	48.076	48.716	49.354	49.989	50.621	51.249
900	51.875	52.496	53.115	53.729	54.341	54.948	55.553	56.155	56.753	57.349
1 000	57.942	58.533	59.121	59.708	60.293	60.876	61.459	62.039	62.619	63.199
1 100	63.777	64.355	64.933	65.510	66.087	66.664	67.240	67.815	68.390	68.964
1 200	69.536	—	—	—	—	—	—	—	—	—

表 A.6　铜-铜镍(康铜)热电偶(T 型)分度表

温度/℃	0	10	20	30	40	50	60	70	80	90
	热电动势/mV									
−200	−5.603	—	—	—	—	—	—	—	—	—
−100	−3.378	−3.378	−3.923	−4.177	−4.419	−4.648	−4.865	−5.069	−5.261	−5.439
0	0.000	0.383	−0.757	−1.121	−1.475	−1.819	−2.152	−2.475	−2.788	−3.089
0	0.000	0.391	0.789	1.196	1.611	2.035	2.467	2.980	3.357	3.813
100	4.277	4.749	5.227	5.712	6.204	6.702	7.207	7.718	8.235	8.757
200	9.268	9.820	10.360	10.905	11.456	12.011	12.572	13.137	13.707	14.281
300	14.860	15.443	16.030	16.621	17.217	17.816	18.420	19.027	19.638	20.252
400	20.869	—	—	—	—	—	—	—	—	—

附录 B：仪表位号

仪表位号由字母代号组合和回路编号两部分组成，如图 B.1 所示。

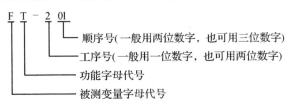

图 B.1 仪表位号表示

仪表位号中的第一位字母表示被测变量，后继字母表示仪表的功能；回路的编号由工序号和顺序号组成，一般用三位至五位阿拉伯数字表示。

① 在管道仪表流程图和系统图中，仪表位号的标注方法是：字母代号填写在仪表圆圈的上半圈中，回路编号填写在下半圆中。

② 如果同一仪表回路中有两个以上相同功能的仪表，可用仪表位号附加尾缀（大写英文字母）的方法加以区别。例如，FT-201A、FT-201B 表示同一回路内的两台流量变送器；FV-201A、FV-201B 表示同一回路内的两台控制阀。

③ 当属于不同工序的多个检测元件共用一台显示仪表时，显示仪表位号在回路编号中不表示工序号，只编制顺序号。在显示仪表回路编号后加阿拉伯数字顺序号尾缀的方法表示检测元件的仪表位号。例如，多点温度指示仪的仪表位号为 TI-1，相应的检测元件仪表位号为 TE-1-1，TE-1-2……

④ 当一台仪表由两个或多个回路共用时，各回路的仪表位号都应标注。例如，一台双笔记录仪记录流量和压力时，仪表位号为 FR-121/PR-131；若用于记录两个回路的压力时，仪表位号应为 PR-123/PR-124 或 PR-123/124。

⑤ 仪表位号的第一位字母代号（或者是被测变量和修饰字母的组合）只能按被测变量来选用，而不是按照仪表的结构或被控变量来选用。例如，当被测变量为流量时，差压式记录仪应标注 FR，而不是 PDR。控制阀应标注 FV；当被测变量为压差时，差压式记录仪应标注 PDR；控制阀应标注 PDV。

⑥ 仪表位号中表示功能的后继字母，是按照读出或输出功能而不是按照被控变量选用，后继字母应按 IRCTQSA 的顺序标注。

⑦ 仪表位号的功能字母代号最多不要超过四个字母。

一台仪表具有指示、记录功能时，仪表位号的功能字母代号只标注字母"R"，而不标注字母"I"。

一台仪表具有开关、报警功能时，只标注字母代号"A"，而不标注"S"。当字母"SA"出现时，表示这台仪表具有联锁和报警功能。

一台仪表具有多功能时，可以用多功能字母代号"U"标注，也可以将仪表的功能字母代号分组进行标注。例如，一个温度控制器带有温度开关，则可用两个相切的圆圈分别填入 TIC-301 和 TS-301 来表示。

⑧ 在允许简化的设计文件中，构成一个仪表回路的一组仪表，可以用主要仪表的仪表位号来表示。例如，T-131 可以代表一个温度检测回路；F-120 则可以代表一个流量检测回路。

⑨ 随设备成套供应的仪表，在管道仪表流程图上也应标注位号，但是在仪表位号圆圈外边应标注"WE"（随设备）。

⑩ 仪表附件（如冷凝器、隔离装置等）标注仪表位号。

表 B.1 字母代号及其意义

字母	第一位字母		后续字母
	被测变量或初始变量	修饰词	功能
A	分析		报警
B	喷嘴火焰		
C	电导率		控制（调节）
D	密度或比重	差	
E	电压（电动势）		检测元件
F	流量	比（分数）	
G	尺度（尺寸）		玻璃
H	手动（人工触发）		
I	电流		指示
J	功率	扫描	
K	时间或时间程序		操作器
L	物位		灯
M	水分或湿度		
N			
O			节流孔
P	压力或真空		试验点（接头）
Q	数量或件数	积分、累计	积分、累计
R	放射性		记录或打印
S	速度或频率	安全	开关或连锁
T	温度		传送，变送器

续表

字母	第一位字母		后续字母
	被测变量或初始变量	修饰词	功能
U	多变量		多功能
V	黏度		阀、风门、百叶窗
W	重量或力		套管
X			
Y			继电器
Z	位置		驱动、执行或未分类的执行器

表 B.2 字母代号组合实例

	温度 T	温差 Td	压力 P	压差 Pd	流量 F	液位 L
检测元件	TE		PE		FE	LE
变送	TT	TdT	PT	PdT	FT	LT
指示	TI	TdI	PI	PdI	FI	LI
指示、变送	TIT	TdIT	PIT	PdIT	FIT	LIT
指示、调节	TIC	TdIC	PIC	PdIC	FIC	LIC
指示、报警	TIA	TdIA	PIA	PdIA	FIA	LIA
指示、连锁、报警	TISA	TdISA	PISA	PdISA	FISA	LISA
指示、积算					FIQ	
记录	TR	TdR	PR	PdR	FR	LR
记录、调节	TRC	TdRC	PRC	PdRC	FRC	LRC
记录、报警	TRA	TdRA	PRA	PdRA	FRA	LRA
积算指示					FqI(FQ)	

参 考 文 献

[1] 邵惠鹤.工业过程高级控制[M].上海:上海交通大学出版社,1997.
[2] 金以慧.过程控制[M].北京:清华大学出版社,1993.
[3] 王树青,等.工业过程控制工程[M].北京:化学工业出版社,2002.
[4] Dale E. Seborg,Thomas F. Edgar,Duncan A. Mellichamp.过程的动态特性与控制[M].2版.王京春,王凌,金以慧,等译.北京:电子工业出版社,2006.
[5] 郑辑光,韩九强,杨清宇.过程控制系统[M].北京:清华大学出版社,2012.
[6] 方康玲.过程控制系统[M].2版.武汉:武汉理工大学出版社,2007.
[7] 潘永湘,杨延西,赵跃.过程控制与自动化仪表[M].2版.北京:机械工业出版社,2007.
[8] 张井岗.过程控制与自动化仪表[M].北京:北京大学出版社,2007.
[9] 俞金寿,蒋蔚孙.过程控制工程[M].3版.北京:电子工业出版社,2007.
[10] 邵裕森,戴先中.过程控制工程[M].北京:机械工业出版社,2000.
[11] 林锦国.过程控制[M].2版.南京:东南大学出版社,2006.
[12] 鲁照权,方敏.过程控制系统[M].北京:机械工业出版社,2014.
[13] 吴勤勤.控制仪表及装置[M].3版.北京:化学工业出版社,2007.
[14] 张永德.过程控制装置[M].北京:化学工业出版社,2006.
[15] F. G. Shinskey.过程控制系统:应用、设计与整定[M].3版.萧德云,吕伯明,译.北京:清华大学出版社,2004.
[16] 李言俊,张科.系统辨识理论及应用[M].北京:国防工业出版社,2003.
[17] 郭一楠,常俊林,赵峻,等.过程控制系统[M].北京:机械工业出版社,2009.
[18] 王桂增,王诗宓,徐博文,等.高等过程控制[M].北京:清华大学出版社,2002.
[19] 王爱广,黎洪坤.过程控制技术[M].2版.北京:化学工业出版社,2012.
[20] 阳宪惠.现场总线技术及其应用[M].北京:清华大学出版社,1999.
[21] 王慧锋,何衍庆.现场总线控制系统原理及应用[M].北京:化学工业出版社,2006.
[22] 何衍庆,俞金寿.集散控制系统原理及应用[M].2版.北京:化学工业出版社,2002.